環境と経済を再考する

倉阪秀史【著】

ナカニシヤ出版

序

　産業革命以来，物的拡大の一途をたどってきた人間の経済社会は，今，大きな転換点を迎えている。地球温暖化をはじめとして，全球的な環境制約が顕在化する中，とくに，化石燃料に依存したエネルギー供給構造と，大量生産・大量消費・大量廃棄を基調とする経済構造を見直す必要がある。

　しかし，200年以上にわたって継続されてきた経済のルールを見直すことは，容易なことではない。学問の体系やものの考え方自体が，従来の経済ルールに親和的なものとなっている。新しい経済のルールを理解するためには，基本的な用語の見直しから始めていくことが必要となる。

　本書は，環境制約が顕在化している状況において，経済のルールはどのように変わるべきなのだろうかという問題意識を抱きつつ，さまざまな概念の見直しを試みている。未だ試行錯誤段階であるが，おぼろげながら一つの方向性は見えてきたかなと感じている。

　本書の構成は，以下のとおりである。
　第1章では，「世界観」を再考する。主流派の経済学は，経済活動の物質的基盤を捨象していくことによって，その理論を精緻なものにしていった。本章では，この方向がデカルト的な西洋哲学の指向性と親和的であることを指摘している。そして，哲学の世界においてデカルト的な方向を乗り越え，人間という存在の物質的な基盤を取り戻そうとする動きが見られており，これが，エコロジカル経済学の世界観を裏打ちするものであることを述べている。
　第2章では，「環境」の定義を再考し，環境政策科学としての「経済学」はどのような性質を持つべきかを検討する。従来の環境政策科学において，「環

境」の定義は明確にされてこなかった。この点を反省し，「環境」「人工物」「人間の経済」など，本書における鍵となる概念の定義を行う。「環境」の存在を前提とする場合，政策科学としての「経済学」は，その枠組みを変えなければならない。この章の後半では，これまでの経済学説の限界について検討する。

従来の経済学は，環境問題を「外部性」の問題として片付けてきた。第3章は，この妥当性を検討し，「外部性」の時間的・空間的・社会的広がりに応じて，採用すべき政策手法が変わることを指摘する。

また，従来の経済学は，「ムダ」の存在を十分に把握してこなかった。第4章では，「ムダ」が存在する中でいかに環境効率を上げていくかが今後の環境対策の鍵となるという認識のもと，「ムダ」の存在を前提とした生産と消費の理論を再構築する。その中で，生産物を物量とサービス量の二つの属性で把握すること（「サービスの缶詰論」）が妥当であることが指摘される。

第5章では，政策目標としての「持続可能性」という概念について再考する。人間の経済の中で，持続可能なものは具体的に何であり，それぞれどのような期間にわたって持続することが適切だろうか。本章では，このような問いかけを踏まえて，「もったいない」という言葉の意味するところなどが明らかにされている。

第6章では，そもそもなぜ「持続可能性」を確保することが必要かという問いかけを行った。人間には，今を生きる個人の欲求を充足するという欲望と，ヒトという種を将来にわたって持続させたいという欲望の二つの欲求があり，ときとしてこの二つの欲求は相反する場合があるのではないか。そして，「市場経済」は前者の欲求を解放したが，その結果立ち現れてきたのが持続可能性に関する危機ではないか。このために，人間の種族保存本能が市場での意思決定に十分に反映されるように，新たな政策を講ずる必要がある。その中で，経済発展と持続可能性の確保を両立する方向として共益状態の三つの形態について指摘するとともに，持続可能性を支える基盤として「コミュニティ」に注目する。

第7章では，「経済ルール」の変革の方向性について検討する。「環境」の中に置かれているものとしての「人間の経済」が今後取り入れていかなければな

らない経済ルールとして，環境への負荷と環境からの受益に応じて負担を求めていくというルールと，人工物の設計段階で一定の負担を求めていくというルールの二つを検討する。

　本書では，環境という切り口で関心の赴くまま，経済学のみではなく，哲学をはじめとする関連領域に手を伸ばしてみた。「浅く，広く」のそしりは免れないとは思うが，ご寛恕いただきたい。
　本書が，一つの手がかりとなって，さまざまな議論を喚起することができれば幸いである。

　　　　2005年12月

　　　　　　　　　　　　　　　　　　　　　　　　　　　倉 阪 秀 史

目　　次

序 1

第1章　「世界観」を再考する 7
1．経済的意思決定と環境問題　7
2．エコロジカル経済学の世界観　9
3．従来の経済学の世界観の生成過程　13
4．西洋哲学と物質的側面　25
5．エコロジカル経済学につながる思想の方向性　36

第2章　「環境」と「経済学」を再考する 41
1．十分に明確にされていない「環境」の意味内容　41
2．「環境」を含む世界と「環境政策科学」　48
3．新古典派経済学の限界　55
4．経済の物質的側面に光を当てようとする経済学とその限界　61

第3章　「外部性」を再考する 69
1．「外部性」概念の系譜　69
2．物理的環境に即した「外部性」の分類　77
3．外部性の原因の発生と外部性の実現との間の時間的空間的ずれ　83
4．歴史的な傾向と「外部性」　86
5．外部性プロセスの考え方　88
6．外部性の分類に応じたポリシー・ミックスの必要性　94

第4章 「ムダ」を再考する 95
 1．ムダの存在する経済社会　95
 2．ライベンシュタインのX効率とムダ　97
 3．ムダを表現する既存の経済モデルの概観と評価　100
 4．「サービス」とはなにか　110
 5．「サービスの缶詰」論　115

第5章 「持続可能性」を再考する 129
 1．「持続可能な発展」という概念と環境政策　129
 2．「持続可能な発展」に操作性を持たせようとする試み　130
 3．持続可能性に関するミクロ的なアプローチ　132
 4．持続可能な規模とはなにか　138
 5．市場原理に対抗すべき政策　139

第6章 「コミュニティ」と「市場経済」を再考する 141
 1．持続可能な福祉社会が満たすべき要件とはなにか　141
 2．持続可能性を確保することがなぜ必要か　144
 3．「コミュニティ」と「市場経済」　149
 4．持続可能な福祉社会に向けた変革の方向　157

第7章 「経済ルール」を再考する 173
 1．汚染者と受益者に動機づけを行う経済ルール　173
 2．人工物の設計者に対する動機づけを行う経済ルール　178
 3．温暖化対策とエコロジカル税制改革　191
 4．環境構造改革の必要性　200

あとがき 203

参考文献　205
索　　引　215

第1章

「世界観」を再考する

1. 経済的意思決定と環境問題

　家を意味するオイコス（oekos）という同じ語源を持ちながら，エコノミーとエコロジーは，往々にして対立するものとして捉えられてきた。たとえば，1992年の地球サミットの課題は，「経済と環境の統合」であった。経済的な意思決定と環境保全上の意思決定は，政策的・意識的に統合されなければならないものとして把握されていたわけである。

　では，なぜ，これまで，経済的な意思決定と環境保全上の意思決定がばらばらに行われてきたのだろうか。

　まず，第一に，ある意思決定に伴ってどの程度環境負荷が発生するのかが十分に把握されていないことを挙げることができる。会社の経営者が自社がどれだけの廃棄物を排出しているのかを知らない，あるいは自社の廃棄物量が他社に比べて多いのか少ないのかが分からないといった認識障害が起こっている。

　第二に，ある意思決定に伴って現に発生する費用であっても，自ら負担しないものについては考慮されないことが挙げられる。たとえば，自社が生産する製品は必ずいつかは廃棄物となりその処理費を発生させるが，製品廃棄物の処理費を生産者が負担する仕組みにはなっていない。経済学の用語では，外部性といわれる問題である。

　第三に，ある意思決定に伴って発生する環境影響であって，将来の自分に関係するものについて，十分に考慮されないということである。ある個人が現在の価値と将来の価値を天秤にかけた場合，現在の価値の方を将来の価値よりも

高く評価するという傾向があることである。今の10万円と5年後の10万円のどちらをとるかと問われれば，今の10万円の方が選択されるだろう。つまり，ある個人の選択において，将来の価値は，現在の価値と比較する場合には割り引かれてしまうのである。

第四に，ある意思決定に伴って発生する環境負荷によってどのような影響が生じるのかが十分に把握されていないことである。たとえば，フロンガスが開発されたときには，いろんな用途に使え，人体にも影響のない夢の物質と考えられていた。まさか，排出されたフロンガスがオゾン層を破壊して環境や人体に悪影響を及ぼすこととなるとは，誰も考えなかったのである。

第五に，ある意思決定に伴って発生する環境影響であっても，将来の世代に関係するものについては，十分に考慮されないということである。この場合は，ある個人の通事的な資源配分の問題ではなく，現在の世代と将来の世代との間の所得分配の公平さ（世代間の衡平）の問題となる。この問題に将来価値の割引という論理を適用することは適切ではない。種の保存の本能に根ざした持続可能性の確保という新しい論理を適用することが必要となる。

これら五つの原因のうち，第一の原因は，事実関係の認識障害に関わる実務的な問題である。この種の問題については，環境面も考慮した経営手法や会計手法を取り入れることによってある程度は解決されることとなる。具体的には，環境ISOをはじめとする環境マネジメントシステムの開発・導入，マテリアル・フロー会計など各種環境会計手法の開発・導入などが該当する。学問分野としては，経営学や会計学の分野に属する。

次に，第二の外部性の問題は，とくに，環境経済学（environmental economics）と呼ばれる経済学の一分野が中心的に取り扱ってきた問題である。1960年代に顕在化した化学物質による汚染問題は，経済学の世界に，外部性として把握される環境問題が存在することを再認識させ，環境経済学と呼ばれる分野を成立させることとなった。そこでは，他の人や他の会社の迷惑になるような行為をする者が，その迷惑の分も考慮して意志決定することとなるように，ルールを変えることが提唱された。外部性の内部化といわれるアプローチである。たとえば，その行為に課税するというルール，その行為をやめることに補助金を与えるというルールが典型例である。また，汚染を被ることに対す

る補償の権利（環境権）や汚染を削減することに対する補償の権利（汚染権）を認めれば，あとは民間の交渉で解決されるということも主張された。

また，第三の時間を超えた資源の最適配分の問題は，資源経済学（resource economics）と呼ばれる分野が主に取り扱ってきた問題といえる。化石燃料などの枯渇性資源や，魚や森林などの更新性資源（再生可能資源）を，将来にわたってどのように利用していくことが最も望ましいのかという分析である。1970年代の石油危機を契機として，資源の枯渇の問題に関心が集まると，このような分野に対する注目も高まることとなった。

一方，第四の問題は，経済の世界の知見のみでは解決が図られない問題である。環境影響を把握しきれないのは，人間の経済が，人間の意思から独立して機能する物理的自然的世界（環境）の中で営まれており，人間は，このような環境の挙動をすべて解き明かしているわけではないことに起因する。環境の挙動に含まれる法則を把握しようとして，われわれは自然科学を発達させてきたが，微細な初期条件の違いがまったく異なる帰結を生み出すというカオス的挙動の存在も明らかになっている。

従来の経済学は，効率的な資源配分を確保することという政策目標に並ぶものとして，公平な所得分配を確保するという政策目標を認識してきた。しかし，経済学は，主に前者について分析を行うものであり，何が公平であるかという点についての解答は，法哲学や政治学など他の学問分野に委ねる傾向にあった。第五の原因は，「公正さ」の概念を時間を超えて適用しようとするものであり，従来の経済学が不得手としてきた分野といえる。

2. エコロジカル経済学の世界観

1980年代の後半に，地球環境問題が顕在化した。とくに，産業革命以来200年にわたる化石燃料の燃焼の結果として立ち現れてきた地球温暖化問題は，不確実性が伴う中で，将来に至るまで現在のシステムを持続させるためにどのように意志決定をすべきかという新しい課題を，われわれに突きつけることとなった。

このような課題は，外部性概念を中心とする環境経済学や，主に個人の意思

決定の範囲内で通事的な資源配分を考える資源経済学に飽き足らない人びとを生み出すこととなった。エコロジカル経済学（ecological economics）は，このような人びとの受け皿となりつつ発達してきた学問分野である。

エコロジカル経済学（ecological economics）という考え方が現れたのは，1980年代の後半であった。1987年に，Ecological Modellingという雑誌でエコロジカル経済学についての特集が行われ，1989年には，国際エコロジカル経済学会が Ecological Economics という機関誌を創刊した。

その際に，機関誌の編集長であったロバート・コスタンザは，「エコロジカル経済学は，広い意味で，生態系と経済のシステムの関係に向けられている」（Costanza(1989) p.1）とし，「生態系と経済のシステムの関係を研究する際には，幅広い「概念的多元主義」が保証される」（Costanza(1989) p.2）と説明した。

さまざまな手法を用いて，生態系と経済のシステムの相互関係を研究する学問であるという大変幅広い定義はその後も引き続き用いられることとなった[*1]。ただ，この定義では，人間と自然との関係を取り扱う学問すべてがエコロジカル経済学の範疇にはいることになってしまう。

1997年に国際エコロジカル経済学会の主要メンバーによって出版されたエコロジカル経済学入門では，エコロジカル経済学の共通のビジョンとして，以下の四つのポイントを挙げている[*2]。

第一に，「地球が熱力学的に閉じられた物質的に成長しないシステムであり，人間の経済は地球の生態系のサブ・システムであるというビジョン」である。

第二に，「物質的な制約の範囲内ですべての市民（人間と他の種を含む）の高い生活の質が保たれる持続可能な惑星という将来のビジョン」である。

第三に，「すべての空間と時間のスケールについて地球のような複雑なシステムを分析することには，根本的な不確実性が大きく，低減することは難しいが，あるプロセスは不可逆的である。このため，根本的に予防的な立場が必要であるという認識」である。

[*1] たとえば，Edwards-Jones=Hussian=Davies（2000）は，「エコロジカル経済学は，さまざまな関連する視点から，経済システムと生態系のシステムの相互作用を研究する学際的な分野である。」(p.3) とし，Faber=Manstetten=Proops（1996）は「エコロジカル経済学は，生態系と経済活動がどのように相互に関係するのかを研究する。」(p.10) と定義している。

[*2] Costanza=Cumberland=Daly=Goodland=Norgaard（1997）p.79

第四に，「制度と経営管理は受動的・後追い的（reactive）ではなく，能動的・先取的（proactive）であるべきであり，簡単で，適応可能で，実行可能な政策に結実させなければならない。その政策は，不確実性について十分認識したうえで，基盤となるシステムについて洗練された理解に立っていなければならない」とする考え方である。

　以上のポイントのうち，第一と第二のポイントは，エコロジカル経済学が，人間の経済が物理的制約の中で営まれていることを認識する経済学であることを示している。また，第三と第四のポイントは，エコロジカル経済学が，不可逆的な環境問題を回避する観点から，政策に有意に結びつく結論を導きうる学問でなければならないことを示している。

　このようなエコロジカル経済学は，既存の経済学に対するアンチテーゼとして形成されてきた。従来の経済学との相違点については，ハーマン・デイリーとジョシュア・ファーレーが次のようにまとめている。

　　「伝統的な経済学は，経済，つまりマクロ経済の総体を，全体と見なしている。自然や環境が考慮される限りにおいて，それらは，林産地や，漁場や，牧草地や，鉱物や，井戸や，エコツーリズムの場所など，マクロ経済の部分や部門として認識される。対して，エコロジカル経済学は，マクロ経済は，それよりも大きく包容力があり持続可能な全体，つまり，地球，その大気，その生態系の一部であるとみている。経済は，より大きな「地球システム」の開かれた部分集合と見なされる。そのより大きなシステムは，有限で，成長せず，太陽エネルギーには開かれているものの物質的に閉じられている」。[*3]

　つまり，従来の経済学は，森林などの環境，あるいは自然資本の存在を認識する場合にあっても，通常，工場などの人工資本に並ぶ生産要素の一種として取り扱う。一方，エコロジカル経済学では，人工物と人間からなる経済の世界は，人間の意思から独立して機能する環境の世界に包み込まれるように存在していると認識する。この関係を図示すれば，図1-1のようになる。

　世界観が異なることによる重要な帰結として，デイリー＝ファーレーは，エ

＊3　Daly=Farley（2004）p.15

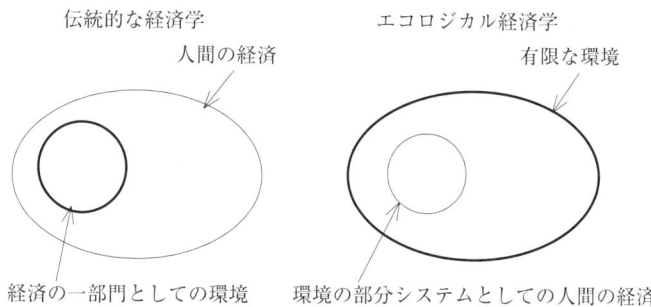

図1-1 伝統的な経済学の世界観とエコロジカル経済学の世界観

コロジカル経済学においては,「成長は経済的であるとともに,非経済的もありうるという考え」[*4]が基本となると説く。つまり,伝統的な経済学の世界観においては,人間の経済が成長することを外的に制約する要素がないが,エコロジカル経済学の世界観においては,人間の経済の成長は,有限な環境の中で行われるため,成長に伴うコストが,成長によるメリットを上回るようになるポイントがどこかに存在するのである。

　従来の経済学では,公正な所得分配と効率的な資源配分という二つの目標しか認識されていなかった。エコロジカル経済学では,その世界観に沿って,経済政策の目標として,「持続可能な規模」という目標を追加すべきであると主張する。つまり,「持続可能な規模,公正な所得分配,効率的な資源配分の三つの独立した目標を達成することがエコロジカル経済学の目標である」[*5]。先に述べたように,従来は,効率的な資源配分,公正な所得分配という二つの政策目標を認識してきた。しかし,従来の経済学の世界観では,経済の規模の成長には何らの制約も課されない。一方,エコロジカル経済学の世界観では,経済の物的な規模の成長には,環境からの制約が課せられる。この世界では,システムを長期的に持続させるために,どの程度の物的規模が望ましいのかという政策判断が求められることとなる。

　エコロジカル経済学では,自らが学際的な学問であり,経済学それ自体で完結しないことを自認している。このため,前節で挙げた五つの原因の中で,従

[*4] 前掲書 p.16
[*5] Costanza=Cumberland=Daly=Goodland=Norgaard (1997), p.79

来の経済学が不得手としていた第四・第五の原因についても，エコロジカル経済学は関連分野に門戸を開きつつ取り扱おうとしているのである。

3. 従来の経済学の世界観の生成過程

現在の主流派の経済学である新古典派経済学は，物質的な財と非物質的な財（サービス）を基本的に区別せずに議論を行っている。本章では，そのような経済学が成立してきた過程を検証することとしたい。

(1) 物質的な財のみが富を構成するという考え方
① 重農主義者

古典派経済学においては，物質的な財のみが富を構成するという考え方が主流であったが，この考え方の萌芽は，重農主義者による生産的なものと不生産的なものの区分にみることができる。

ケネーは，1766年に発表した「経済表の分析」において「国民は三つの階級に分たれる。すなわち，生産階級（classe productive），地主階級（classe des proprietaires），および不生産階級（classe sterile）である」とし，生産階級のみが，「土地の耕作によって国民の年々の富を再生させる」ものであると考えた[*6]。これは，「主権者および国民は，土地こそ富の唯一の源泉であり，富を増加するのは農業であることを決して忘るべからざること」[*7]という主張にみられる，農業生産のみが富を増加させるという考え方にもとづいていた。

また，「経済表の分析」と同じ年に発表されたチュルゴオの『富に関する省察』においては，「土地の純生産以外には収益は存しないし，また存し得ない。のみならず，なお，耕作及び商業の全元資総額を構成するすべての資本を供給するものは土地である。土地は，耕作せられずして，粗雑なるかつ最初の労働に必要欠くべからざる最初の元資を提供した。これ以外のすべてのものは，土地の耕作を始めて以来続く数世紀間の節約によって蓄積せられたる成果であ

[*6] Quesney（1766）訳書39-40頁
[*7] Quesney（1768）訳書74頁

る」*8と主張されている。

ケネーの考える富は，チュルゴオの考える土地の純生産たる「収益」と同じものであり，これは，物質的な実体を有する存在として認識されていたと考えられる。

② アダム・スミス

このような重農主義者の議論は，アダム・スミスの『諸国民の富（国富論）』における生産的労働と不生産的労働の区分につながることとなる。そして，この区別は労働の成果が物質的なものに体現されるものであるかどうかに依ったものであった。

アダム・スミスは，1776年の『諸国民の富』において，次のように，生産的労働と不生産的労働を区分している。「労働には，それが加えられる対象の価値を増加させる部類のものと，このような結果を全然生まない別の部類のものとがある。前者は，価値を生産するのであるから，これを生産的労働（productive labour）と呼び，後者はこれを不生産的労働（unproductive labour）と呼んでさしつかえない」*9。この区分は，労働の成果が特定の対象や商品に固定されるものであるかどうかに依ったものである。つまり，「製造工の労働は，ある特定の対象または売りさばきうる商品にそれ自体を固定したり実現したりするのであって，こういう商品はこの労働がすんでしまったあとでも，すくなくともしばらくのあいだは存続する」ものであるが，「召使いの労働は，ある特定の対象または売りさばきうる商品にそれ自体を固定したり実現したりはしない。かれの労務（services）は，一般的にはそれがおこなわれるまさにその瞬間に消滅してしまうのであって，あとになってからそれとひきかえに等量の労務を獲得しうるところの，ある痕跡，つまり価値をその背後にのこすということがめったにない」のである*10。

アダム・スミスは重農主義者の議論の影響を受けて，生産的労働と不生産的労働の区分を導入したと見て間違いはなかろう。ただし，スミスは，工業生産物についても，労働の成果が固定される対象として農業生産物と同じ地位を与

---

* 8 Turgot（1766）訳書121頁
* 9 Smith（1776）訳書第2巻337頁
* 10 Smith前掲書，訳書第2巻338頁

えている。この点が，スミスと重農主義者との違いである。

(2) セーによる「効用の生産」説

アダム・スミスの経済学のフランスへの紹介者であるJ. B. セーは，物質的財と非物質的サービスの区分に関わる議論において，経済学史上重要な位置を占める。

セーは，1803年に初版を刊行し，順次改訂を加えた『経済学概論もしくは富の生産・分配・消費に関する概論』において，効用価値説を展開する。セーは，まず，「ある事物（things）に内在するところの人間のさまざまな欲求を充足する適合性や能力」のことを，効用（utility）と呼び，「どんな種類でも効用を有する対象物（objects）を創造することが富を創造することである」とした。つまり，「事物の効用が事物の価値を基礎づけるものであり，事物の価値が富を構成する」と考えたのである。そして，「対象物は人間によっては創造することができない。宇宙を形作る物（matter）の総量は増加させることも減少させることもできない。人間ができることといえば，すでにある物質（materials）を別の形で再生産し，以前は保有していなかった効用を賦与したり，以前に保有していた効用を単に増大させたりすることだけである。ゆえに，実際は，物を創造するのではなく，効用を創造するのであり，私はこのことを富の創造と呼ぶ」と議論を展開し，「生産とは，物の創造ではなく，効用の創造である」という結論に達する[11]。

彼は，人間に生きる糧を与える人間の活動の総体を産業（industry），産業が人間に提供する事物を商品（products）と名づけた[12]。彼によれば，産業を構成する人間の活動は，自然の法則や運行の研究，これによって得られる知識の具体的目的への適用，肉体労働の実施という三つの段階からなるものである[13]。そして，ある産業分野の働きやその一部が機能するようにと努力する継続的な行動を労働（labour）と称したうえで，「労働は，どの産業分野に向けられようと生産的である。なぜなら，労働は同時に商品の創造を行うからで

---

[11] Say（1803）英訳書 p.62
[12] Say 前掲書，英訳書 p.64
[13] Say 前掲書，英訳書 pp.79-80

ある」と主張づけた*14。

　セーの議論によれば，哲学者の思索も，医者のアドバイスも，音楽家の演奏も，役者の演技もすべて生産的労働であり，これらの活動によって商品が生産されることとなる。このような商品は，セーによって，非物質的商品（immaterial products）と名付けられた。そして，アダム・スミスが非物質的商品の生産に関わる労働を不生産的労働に分類したことは，「スミスが，富の概念を交換可能な価値をもつすべての事物に広げることなく，保存可能な価値をもつ事物に限って富と呼んだことによって導かれた誤りであり，このことによって彼は，創造されるやいなや消費されてしまう種類の商品を富の概念から除外してしまった」と批判している*15。

　ただし，セーが，非物質的商品が物的ストックを増加させないということは十分認識していた。彼によれば，非物質的商品の特徴は，「人間に対して，将来の消費のための保留も保存も，あるいは他の享楽を得るための交換材料として影響することもできない形の楽しみや快楽を与える」*16という点である。このような非物質的商品は，生産と同時に消費されるものであり，蓄積も保存もできないことから，非物質的商品によって一国の資本（capital）は何ら増加しない。「非物質的商品を生みだす労働は，効用を増加させ，これによって商品の価値を増加させる限りにおいて，他の労働と同様に生産的なのであり，この点を超えたところでは，純粋に非生産的な努力である」という認識も示されている*17。

(3) マルサス・リカード・ミルによる物質的な財へのこだわり
① マルサス

　セーの「経済学概論」は，マルサスやリカードがそれぞれの主著をあらわす前に刊行されたものであるが，セーの議論は，マルサスやリカードには受け入れられなかった。

---

*14　Say前掲書，英訳書 p.85
*15　Say前掲書，英訳書 p.120
*16　Say前掲書，英訳書 p.119
*17　Say前掲書，英訳書 pp.120-121

まず，マルサスは1820年の『経済学原理』において，富ということばの意味をあまりに広げすぎた定義の例として，「人間が，かれにとって有用でかつ快適なものとして，欲求するいっさいのもの」を富とするローダーデール卿による定義を挙げている。マルサスは，このような定義は，宗教，道徳，政治的市民的自由，音楽，舞踊，演技などから得られる便宜と満足感を「富」の概念に包含することとなり，「この種の富の性質と原因の研究は，明らかにある一科学の領域を超えて広がる」ものであり，「われわれの研究において何らかの正確さに到達しようと望むならば，われわれは研究の領域をせばめ，われわれにその増減がより正確に測定されうる対象だけを残すところのある線を引かなければならない」と議論している[*18]。

　この点について，マルサスは，「もっとも自然にひかれると思われる線は，物質物と非物質物とを分けるところのもの」であるとした。彼は「アダム・スミスはどこでも，富についての整然とした正式の定義を与えていない。しかし彼がこの言葉に与えている意味が物質物にかぎられていることは，かれの著作をつうじて十分に明らかである」と『諸国民の富』を分析し，自らの議論を補強している。そして，「わたしは，富をもって，人類に必要で，有用な，または心よい物質物（material objects）である，と定義したい」とした[*19]。

　さらに，マルサスは，『経済学原理』の7年後に出版した『経済学における諸定義』において，セーの議論を直接取り上げて，批判している[*20]。ただし，批判の大半は，従来用いられてきた用語の用法と異なるという点に終始している。たとえば，「人間のひろくみとめられている一般的な欲望をみたすと考えられているものと，二三のひとたちの気まぐれな趣味をみたすと考えられているにすぎないものとを区別することが一般の慣習」であるにもかかわらずこの慣習に従っていないという批判，使用価値と交換価値の間に明確な区別を行っているアダム・スミスの用法に異を唱えたという批判などである。

　なお，『諸定義』において富の定義が若干修正されている。すなわち，富と

[*18] Malthus（1820）訳書上巻47-48頁
[*19] Malthus前掲書，訳書上巻48-49頁
[*20] Malthus（1827）訳書22-24頁

は「人間に必要な，有用な，または快適な物質的対象物であって，それを占有したり，生産したりするのに一定の人間の努力を要したもの」である[21]。後段は，「空気，光，雨など——これは人間にとって必要でありまた有用であろうと，富とはめったに考えられない——といった物質的対象物を除外する」[22]ために追加されたものである。

② リカード

地代論など幾多の点で意見の食い違いをみていたマルサスとリカードであるが，富を物質物に限るとする点では，両者の意見は一致していた。リカードの「マルサス評注」(1820年) には，次のような記述が見られる。「セー氏は右の区別［物質物とそうでないものに係るマルサスの区別］に反対しているが，しかしわたしは，蓄積および一定の評価のできる物質物にかんする研究を，このような操作を許すことのまれなものから分けることは，ほんとうに有用なことだと考える。マルサス氏の富の定義は反対すべきなにものも含んでいない」[23]。

また，自らの主著である『経済学および課税の原理』では，「価値と富」の区別に関する章において，「価値は豊富の度合に依存するのではなく，生産の難易に依存する」ものであるから，「価値は本質的に富（riches）とは異なる」と指摘[24]し，セーが，「価値と富（riches）と効用とを同義語だと考えているのは正しいはずがない」と主張[25]している。

まず，多量の商品を支配できるようになるのに比例して富裕になるとするセーの議論では，①ある商品を生産するために必要な労働量が増加した結果，当該商品の価値が増加し，より多くの他の商品と交換ができることとなった場合と，②当該商品を生産するために必要な労働量は変わらないが他の商品を生産するために必要な労働量が減少した結果，相対的に当該商品の価値が増加し，より多くの他の商品と交換ができることとなった場合の双方ともに，当該商品の価値が増加することとなる。そして，①の反対の場合，つまり，ある商品を生産するために必要な労働量が減少した結果，より少ない他の商品としか交換

---

[21] Malthus前掲書，訳書171頁
[22] Malthus前掲書，187頁
[23] Ricardo（1820）訳書上巻48-49頁
[24] Ricardo（1817）訳書下巻87頁
[25] Ricardo前掲書，98頁

できないこととなった場合は，セーの議論に従うと，当該商品の価値は減少したこととなるが，この商品の交換相手から見た状況は②の場合にまさに該当するのであって，セーの議論に従うとこの商品の交換相手の商品の価値は増加したこととなる。交換される商品の一方の価値について減少したと説明しながら，もう一方の価値について増加したと説明するのは，矛盾ではないかというのが，リカードの議論である。そして，リカードによる正しい解釈では，①の場合は確かに当該商品の価値が増加しているといえるが，②の場合は単に他の商品の価値が減少したにすぎず当該商品の価値は変わらないということとなる[26]。

また，セーが，太陽，空気，気圧のような自然の動因が生産の場面で働くことによって価値が増加するとしていることに関して，自然の動因は商品に対して，大いに・使・用・価・値を付加するけれども，交換価値を付加することはけっしてないと主張した。反対に，「機械の助けによって，あるいは自然科学の知識によって，以前は人間がやった仕事を自然の動因にやらせるや否や，こういう仕事の交換価値はそれに応じて下落する」とし，自然の動因の利用によって節約された労働量を他の生産物の生産に充てることが可能になるので社会が豊かになるとした[27]。

マルサスの議論に比べてリカードの議論は労働価値説の立場から論理的に首尾一貫しており一見説得的である。つまり，「あらゆる物の価値は，その生産の難易に比例して，言い換えれば，その生産に使用される労働量に比例して騰落する」[28]という考え方に立てば，リカードの言うとおりなのである。しかし，問題は，この前提を認めるかどうかという点にあったのである。

③ J.S. ミル

古典派経済学の完成者たる位置づけを与えられているJ.S.ミルは，「経済学原理」（1848年）において，労働は物質を生産するのではなく効用を生産するのみであるというセーの議論はもっともであるが，何が生産的労働で何が不生産的労働かという点は，何をもって富とするかに依存するとし，これまでの用法に従えば，物質的な生産物のみを富とすることが妥当であると考えた。マル

---

[26] Ricardo前掲書，97-98頁
[27] Ricardo前掲書，103-106頁
[28] Ricardo前掲書，87頁

サスの議論もリカードの議論も，セーの議論を受け止めて止揚するまでに至らなかったが，ミルに至って，議論が一歩進んだ感がある。

まず，セーの記述を肯定的に捉えているのは，次の記述である。「物質的諸対象の生産と呼ばれているものの場合でさえも，生産される者はこの物品を構成する物質ではないということを，念頭におかなければならない。世界中のすべての人間のいっさいの労働をもってしても，物質の一微分子をも生産しうるものではない。(中略) しかし，われわれは物質に各種の性質を与えて，われわれにとって無益であったものを有用なものとすることはできる。(中略) 労働は物を創造するものではなく，効用を創造するものである。また，われわれは，物そのものを消費しうるものでもなければ，破壊しうるものでもない。これらの物を構成する物質は，多かれ少なかれ形を変えて存続するのであって，現実的に消費されたものは，それらの物がそのために使用されたところの目的に適した，それの性質のみである。それであるからこそ，セー氏その他の人々は次のような，もっともな問を発したのである。いわく，——われわれが物を生産するという場合，それがただ効用を生産するのみであるとすれば，何ゆえに効用を生産するすべての労働を生産的労働と考えてはいけないのか[*29]」。

しかし，効用を生産するすべての労働を生産的労働と考えるのは，「生産的労働という言葉についてわれわれが通常いだくところの概念」を満足させるものではないとして，生産的労働の意味合いを「生産的労働とは，富を生産する労働という意味である」と再定義した。ここにおいて，生産的労働か不生産的労働かという議論は，何をもって富と考えるかという議論に転化する。つまり，セーは，交換価値を有する事物をすべて富と把握していたから，物質的な財を生み出さない労働も「生産的」と捉えていたのであり，スミスやマルサスやリカードは，富を物質的なものであると概念していたため，物質的な財を生まない労働は「不生産的」と捉えていたのである。

そして，ミル自身は，「およそ有用であり，また蓄積しうる生産物は，すべて富である。(中略) この定義によって見れば，およそ永続的効用——人間に体現されると生物又は無生物に体現されるとを問わない——を創造することに使

[*29] Mill (1848) 訳書第1巻100-101頁

用される労働はすべて生産的労働と見なすべきである」*30という見解を述べつつも，「もし私が新たに術語をつくるとすれば，私は区別の基準を生産物の物質性よりも永続性に置くだろうが，しかしまったく慣用の言葉となってしまった言葉を使用する場合には，及ぶ限りその慣用を犯さないようにその言葉を使用するのが好ましいように思われる。(中略)それであるから，私は本書において富について述べるときには，富とはひとり物質的富と呼ばれるもののみであり，生産的の労働とは種々なる勤労のうちひとり物質的な諸対象に体現される効用を生産するもののみであると解することとしよう」*31と結論している。

(4) 限界革命による「交換価値からなる富」説の台頭

さて，限界革命と称される経済学の一大転換が行われた際に，セーが主張した，交換価値からなる富という考え方が台頭し，交換価値を増加させる限りにおいて物質的財と非物質的な財の間で取り扱いを変える必要はないという考え方が広まることとなった。

限界革命の先駆者といわれるクールノーは，リカードと正反対に，富と交換価値を同一視する考え方に立っていた。1938年に出版された彼の『富の理論の数学的原理に関する研究』では，「商業関係及び文明制度によって交換価値をもち得るものこそ，現在の用語において富なる用語で表されるものである。したがって明瞭な理論を構成するためには，われわれは富なる言葉の意味と交換価値なる他の言葉によって示されるものとを全く同一視しなければならない。この意味において富の概念は明らかに抽象的存在を有するのみである」*32とされている。そして，「われわれは簡単を欲するために，商品なる言葉を最も一般的なる意味に用いる。すなわちそれは他の勤労または本来の商品と交換し得られ，また本来の商品と同様に一定の価格あるいは交換価値を有し得る有価勤労の提供をも含むものである」*33として，商品という言葉の中に有価勤労の提供を含めている。

物質的な財と非物質的な財を同じように取り扱う考え方は，ジェボンズ，ワ

---

*30　Mill前掲書，訳書第1巻106頁
*31　Mill前掲書，訳書第1巻106頁
*32　Cournot（1838）訳書30-31頁
*33　Cournot前掲書，訳書44頁

ルラス，メンガーのいずれもが採用している。

　まず，ジェボンズは，『経済学の理論』において，「貨物（commodity）といえば，われわれは何によらず，いやしくも快楽を供し苦痛を防ぎうる物件，物質，行動，または用役と理解するであろう。この名称は本来抽象的で，1物のもって人間の役に立ちうる性質を指すのであった。(中略)いやしくも快楽を生じ，または苦痛を防ぎうるものは，いかなるものでも効用を有しうる」[*34]とし，物件や物質であろうと，行動や用役であろうと，快楽を生じ苦痛を防ぎうるものを貨物（commodity）としている。

　また，ワルラスは，「純粋経済学要論」において，「物質的または非物質的なもの（ものが物質的であるか非物質的であるかはここでは問題でない）であって稀少なもの，すなわち一方においてわれわれにとって効用があり，他方において限られた量しか獲得できないもののすべてを社会的富と呼ぶ」[*35]としている。

　さらに，メンガーは，『国民経済学原理』において，「有用なる行為または不作為が，たとえば顧客範囲，商号，独占権等において事実上そうであるように，われわれの支配しうるがごときものであるならば，これらのものに財性質を拒否すべき何らの理由もなく，かつ「関係」という曖昧な概念を設けてこれを特殊範疇として残余の財に対立せしむるべきいわれもないのである。むしろ私は，財の総体が物財（それが財たる限りあらゆる自然力を含む）と有用なる人間的行為（または不作為）――そのうち最も重要なのは労働用役である――との二つの範疇に分類せられると信ずる」[*36]とし，物財と有用なる人間的行為（不作為）の双方が財を構成するとしている[*37]。

(5) マーシャルによる接合

　マーシャルの『経済学原理』においては，セーからワルラスに至る効用の生

[*34] Jevons（1871）訳書29-30頁
[*35] Walras（1874）訳書21頁
[*36] Menger（1871）訳書5頁
[*37] ただし，メンガーは，遺稿に基づいて出版された「国民経済学原理」の第二版においてさらに思考を進化させており，そこから読みとれる発想は環境と経済との関係を考察するうえからも有用なものがある。この点については本書126-127頁参照。

産という考え方と、アダム・スミスからミルに至る物質的富という考え方の双方が接合された形で見いだされる。

まず、セーの効用の生産説を受け継いでいる部分はつぎのような記述である。

> 「人間は物質的な事物を創造できない。知的および道徳的な世界においてはかれは新しい観念をつくりだせるであろうが、物質的な事物を生産したといっても、実はただ効用をつくりだしただけであり、別のことばでいえば、かれの努力と犠牲によって物質の形態としくみを変化させて欲求の充足によりよく適合するようにするだけなのである」[38]。

> 「ときとして商業者は生産しない、たとえば家具工は家具をつくるが、家具商は生産された家具を売るだけだといわれる。しかしこういう区別をするだけの科学的根拠はない。かれらはいずれも効用をつくりだすが、それ以上のことはしない」[39]。

> 「労働を定義して、活動から直接生まれる快楽以外のなんらかの効果を得ることを全面的にか部分的にか目ざしてなされたところの、精神ないし肉体の活動であるとしよう。もしわれわれが新たに出発しなおすべきだとしたら、目ざした目標を促進しそこね、なんらの効用をも生みださなかったものを除外すれば、すべて労働は生産的だとみなすのが最も正しいであろう」[40]。

このように、生産とは効用を生産することであり、すべての労働は生産的であるとするセーの議論は全面的にマーシャルに受け継がれているということができよう。

一方、マーシャルは、富という概念は、ストックの概念であり、瞬時に消えてしまうような用役は富には算入されないとした。

> 「ある人の富という場合には、それはつぎの二種類の財のストックを意味している。第一には、かれが（法律もしくは慣行によって）私有権をもっており、したがって譲渡可能で交換可能な物質的な財のことである。

---
[38] Marshall（1890）訳書第1巻81頁
[39] Marshall前掲書、訳書第1巻81頁
[40] Marshall前掲書、訳書第1巻83頁

(中略)用役その他それがあらわれると同時に消滅していってしまうような財はもちろん富のストックのうちには算入されない。第二には,かれが所有している外部的なものであるが,物質的な財を獲得する手段になるところの,非物質的な財がある。その生計の資を得る手段となるものであっても,かれ自身の個人的資質や性能は内面的なものであるから,このうちには含まれない」[*41]。

企業ののれんのように非物質的で外部的な財を富に含めている点で,物質的な財のみに富の概念を限っているわけではないが,富を蓄積や保存が可能な概念として捉えている点で,スミスからミルに至る古典派の富に対するイメージを引き継いでいるといえる。

マーシャルにおいては,これらの二つの流れは,ひとえに論者の研究のスタンスに依存すると考えていたのではないか。たとえば,『経済学原理』では,「実業家の慣行的な視点は,市場向けの財の生産とその交換価値を規制する原因を論議する際には,経済学者も採用してさしつかえないものではあるが,社会全体の物質的福祉を規制する原因を研究する際には,経済学者はもちろん,実業家でも採用しなくてはならない,別のもっと視野のひろい視点があるのである」という記述が見られる[*42]。つまり,「市場向けの財の生産とその交換価値を規制する原因を論議する際」と「社会全体の物質的福祉を規制する原因を研究する際」の二つの場合において,採用される視点が異なって当然だという考え方である。

マーシャルは,「市場向けの財の生産とその交換価値を規制する原因を論議する際」と「社会全体の物質的福祉を規制する原因を研究する際」の両者が併存することを考えていたが,新古典派経済学が隆盛になるにつれて,経済学の中心は前者に置かれることとなっていった。

[*41] Marshall前掲書,訳書第1巻73頁参照。なお,内部的とは,「ある人自身の資質および行動ないし享楽の性能」を指し,職業上の熟練,書や音楽を楽しむ才能などが該当する。また,外部的とは,「ある人と他の人々とのあいだの有利な関係」を指し,奴婢に課していた労働用役,のれん,営業上のつながりなどが該当する。この定義は,Marshall前掲書,訳書第一巻71頁参照。

[*42] Marshall前掲書,訳書第1巻97頁

(6) 経済学と物質的側面

以上のような経緯で，経済学の学説から，生産要素と生産物の物質的側面が失われていった。生産要素の物質的側面としての「土地」は，他の生産要素と変わらないものとして取り扱われ，「地代」も自然の恵みに対する分け前という考え方から，供給が非弾力的な生産要素に与えられる報酬に転化した。また，生産物の物質的側面としての，財の物質性も，効用を与えるという観点からは，非物質的なサービスと同じものとして取り扱われ，結果的に，すべての生産物はサービスを与える（つまり効用を与える）機能のみに着目して取り扱われることとなった。

生産要素と生産物の双方から物質的側面を捨象した経済学は，それ自身で完結する理論体系を得ることができた。しかし，それと引き換えに，このような経済学は，環境が与える物質的な制約を認識しにくい構造となってしまった。このことを問題視する論者が，エコロジカル経済学を立ち上げることとなったのである。

4. 西洋哲学と物質的側面

前節で検討したように，経済学は，物質的側面を捨象しながら精緻な理論体系を構築していったが，このような世界観はデカルト以来の西洋哲学の世界観と整合的であった。本節では，主に，デカルトとロックを取り上げ，その世界観を振り返ることとしたい。

(1) 物質的側面の存在を消していくデカルトの方法的懐疑

精神と物質の二元論は，デカルトに遡る。彼は，1637年の「方法序説」第4部において，方法的懐疑を推し進めさまざまな感覚を疑っていった結果，「私は一つの実体であって，その本質あるいは本性はただ，考えるということ以外の何ものでもなく，存在するためになんらの場所をも要せず，いかなる物質的なものにも依存しない」という結論に至る。そして，「したがって，この「私」というもの，すなわち，私をして私たらしめるところの「精神」は，物体から全然分かたれているものであり，さらにまた，精神は物体よりも認識しやすい

ものであり，たとえ物体が存在せぬとしても，精神は，それがあるところのものであることをやめないであろう」[*43]と述べた。彼は，ここから，「われ考えるゆえにわれあり」という有名な原理を導き出すこととなる。

この原理は，1641年の「省察」では，「もし私が考えることをすっかりやめてしまうならば，おそらくその瞬間に私は，存在することをまったくやめてしまうことになるであろう」と裏から言い換えられている[*44]。

自分の身体の存在まで疑ってかかるデカルトが，神の存在を疑わなかったのは少々奇異に思える。彼は，疑う存在である「私」が完全なものではないということから，完全なる存在としての「神」が存在することを明証的に知ったと説明する。デカルトが神を疑わなかったというのは言い過ぎかもしれない[*45]が，すぐに神の存在を「証明」してしまうのである。この神の存在証明は，「完全なるもの」がどこかに存在するということを疑わなければ成立するが，「完全なるもの」がどこかに存在するという保証はなにもない。

後年（1663年），スピノザがデカルトの哲学原理を整理して示したが，そこでは，「神」がつぎのように定義されている。「それ自体によって最高完全であると我々が理解し，そしてそれのうちに，欠陥或は完全性の制限を含むような何ものをも全然我々が認めない実体は，神（Deus）と呼ばれる」[*46]。スピノザは，この神の定義を踏まえて，精神と身体が実在的に区別されること（定理八）や，多数の神が存在しないこと（定理十一）を論理的に導き出しているが，この神の定義が成立することは証明されていない。

デカルトが，神の存在を疑わなかったのは，それを疑うような時代背景ではなかったことがその一因であろう。1633年には，ガリレオ・ガリレイが地動説のために有罪とされ，これに衝撃を受けたデカルトは，準備中であった『世界論』の出版をとりやめている。当時，神の存在を疑うことは社会的に許され

[*43] Descartes, R.（1636）訳書42頁
[*44] Descartes, R.（1641）訳書38頁
[*45] 1664年の「哲学原理」では，「我々はなるほど神も天も諸物体も存在せず，また我々自らが手も足も，そしてついには全く身体をももたないと，想定することは容易であろう。しかしその故に，かようなことを思惟する我々が，無であるとは想定することはできない。」（Descartes, R.（1644）訳書38頁）と述べており，神も疑う対象となっている。
[*46] de Spinoza, B.（1663）訳書35-36頁，定義八

ないことであった。

(2) バークリーの物質否定論

物質の存在について徹底的に疑い，ついには，その存在自体を認めないまでに至ったのがバークリーである。彼は，1710年の『人知原理論』において，つぎのように述べた。「一言でいえば世界の巨大な仕組みを構成するすべての物体は，心の外に少しも存立しなく，物体の在ることは知覚されること，すなわち知られること，であり，従って，物体が私によって現実に知覚されないとき，換言すれば私の心に存在しないとき，或いはまた，他の何らかの被造的な精神の心に存在しないとき，それら物体は全く存在しないか，もしくはある永遠な精神の心のうちに存立するか，そのいずれかでなければならないのである」[*47]。

彼によると，すべての物体は，心の中に形成されるものであり，「知覚される以上に永くは存在しない」[*48]こととなる。バークリーは，この説に対するさまざまな反論を想定し，それに反駁するという形で，物質否定論を展開している。

その中で，彼が有効な反駁に失敗している反論が二つある。

第一に，この説が事物を瞬間ごとに消滅させては創造する不合理に陥るのではないかという反論である[*49]。物体は，人によって知覚されていない場合には存在しないとするならば，物体は知覚されると出現し，そうでない場合に消滅することとなる。この点について，バークリーは，「物体は心の外に存在しないと言われるとき，私のいつも意味するのは，あれこれの特殊な心ではなく，どんな心にせよ，すべての心である，かように理解して頂きたい。それゆえ，既述の原理にもとづいても，物体は各瞬間ごとに消滅しては創造されるとか，或いは，私たちの知覚と知覚との合間には全く存在しないとか，そうした道理にはならないのである」と反駁している。しかし，彼の議論にもとづけば，「他人」という存在自体，「わたし」に知覚されない場合には消滅しているはずであり，この反駁は矛盾している。

第二に，植物の巧妙な機構や動物の諸部分の讃歎すべき機巧はなんの目的に

---

*47 Berkeley (1710) 訳書47頁
*48 同上78頁
*49 同上76頁

役立つかという反論である*50。精神の働きによってあらゆる結果を直接に生み出すことができるとしたならば、どうして自然の精巧な機構が存在するのか、また、機械の働きが狂えば、かならず機械の中にその原因が見いだされるのはなぜかという疑問である。これに対して、バークリーは、「神」は、このような精緻な機構なしに奇蹟をなそうと思えばできたのだが、人間に一種の先見を与えて、安心して行動できるようにするために、道具や機械を使って物事を成就するという回りくどい方法を選んだのであると説明する*51。

ここで、人間に先見を与える存在とはどこにあるのか。すべての物体はわれわれの心の中にあるとすると、先見を与える存在も心の中に見いだされなければならない。バークリーは、これが「神」の作用であると考える。このようにして、彼の議論は有神論に展開し、終結する。

彼の有神論もまた論証可能なものではなかった。「自然は自然物の産出に少しも寄与しなく、すべては神の直接かつ単独な作用に帰さなくてはならないのか」という問に対して、「［ものごとの始動因となるような］この語義の自然は、神の遍在と無限完全とについて正しい念をもたなかった異教徒たちが導入した虚しい妄想である。が、聖書の信仰を告白するキリスト者のあいだにかような妄想が受け容れられるとは、なおさら説明できないことである」*52と述べている。このようなバークリーの議論は、キリスト者以外はまったく理解できないであろうし、本人もキリスト者以外に理解させようとも思っていなかったであろう。

(3) 心身二元論・物質否定論と環境

精神が物質や身体から独立して存在しうると考えることは、われわれの生命や人間の経済が、常に物質的な制約を受けているという事実を軽視することにつながる。デカルトは、精神は、いかなる物質的なものにも依存しないと考えたが、本来、身体なしに思考することはできず、その身体を維持するためには食糧など物質的な投入物が確保されないとならないはずである。

---

*50 同上87頁
*51 同上88-91頁
*52 同上168頁

デカルトは，形而上学的な論理と，日常の生のレベルの論理を区別していたと考えられる[*53]が，精神が物質に依存しなくとも存在できるという主張を現実のものと思いこむと次のような妄想を生む。

> 「学問のある農業は学問のない農業の数十倍の収穫があるのだ，だが，地球の持つ力を全部つかえば，これどころではない。そして，地球のもつ力を全部つかいはたしてもなお人類の食料に足らぬときには，別の方法を講じねばならない。食料になる物を組成している物質をしらべれば，それらの物質が合成でき，農業だけに依存しなくてよくなる。その物質も足らなければ，空気から採り出して物質を合成し，物だけに依存しないようにすることだ。(中略) さらに，人口満溢が極まったら，物はもう必要でなくても，肩が触れ足が重なり合って地球の上にはいりきれなくなる。そのときはもう一つ方法を考えねばならない。(中略) ながい間には，[人間の] 重濁成分をとりのぞいて清軽成分をのこし，肉体を減らして霊魂をふやすことができるはずだ。(中略) 人間の霊活が集約されれば，智だけ霊魂だけがはたらく人間になるはずだ。水の中にも居れる，火の中にも居れる，風の中にも居れる，空の中にも居れる，太陽系からその外まで自由に飛びまわれる。地球が崩壊しても全く差し障りがない。[地球に]入りきれるなどは問題にならないのである」[*54]。

　これは，1897年に書かれた『仁学』の一節であるが，ここでは，物質に依存しない精神のみの人間が真剣に構想されている。このような考え方においては，仮に，地球が崩壊してもまったく差し障りがないのである。

(4) デカルトと機械的な自然観

　心身二元論にもとづく物質面の軽視のほかに，デカルトは，自然を機械とみ

[*53] 1643年のエリザベト王女への書簡では，精神の概念，身体の概念，精神と身体の合一の概念を区別し，精神は純粋知性によって，身体は想像力に助けられた知性によって，精神と身体の合一は感覚によって，理解されると述べている（Descartes, R.（1643-1649）訳書28-29頁）。これは，エリザベト王女によって，実体を持たない精神がいかにして身体を動かすのかという問を投げかけられたデカルトが，純粋知性のレベルでは心身二元論を主張しながら，日常の生のレベルでは心身の合一を説くことによって，論理の破綻を免れようとしたものである。

[*54] 譚嗣同（1897）訳書215-216頁

る考え方も，広めることとなった。

「方法序説」第5部では，「彼ら（動物）が精神をまったくもたず，彼らのうちには自然が彼らの諸器官の配置に従ってはたらいているのだ」と述べられ，これは「あたかも時計が車輪とぜんまいとだけから組み立てられているにもかかわらず，われわれが知恵をしぼってもおよばぬ正確さで，時刻を数え時間をはかることができるようなものである」とされている[55]。

また，彼の「情念論」(1649) では，人間の身体についても時計のようなものであると述べている。つまり，「生きている人間の身体と死んだ人間の身体との相違は，一つの時計またはほかの自動機械（すなわち，自己自身を動かす機械）が，ゼンマイを巻かれており，かつその機械のつくられた目的である，もろもろの運動を起こすところの物体的原理を，それの活動に必要なすべてのものとともにうちにもっている場合と，同じ時計または他の機械がこわれていて，その運動の原理がはたらきをやめた場合，との相違に等しい，と判断しよう」とされている[56]。

このような機械的な自然・身体観について，イギリスの歴史家のキース・トマスは，「デカルトの目的は明らかに人間を「自然の王にして占有者」にすることにあった。人間以外の動物を惰性的で精神的次元を欠く存在と記述したのも，まさにこの意図にほかならない。このようにして彼は，人間とそれ以外の自然とを絶対的に分断し，なんら制約されない人間の支配権行使の道を，心ゆくまで切りひらいたのであった」[57]と述べ，自然に対する人間の優位性を保つための仕組みと考えている。

デカルトは，自然のみならず，人間の身体も機械であると考えていたことから，正確にいえば，身体・物質・自然に対する精神の優位性を保つための仕組みとして，デカルトの機械論は機能したのではないか。そして，この場合の人間の精神の背景には神の意志なるものが存在し，神の意志によって動かされる身体・物質・自然という世界観が見てとれるのではないか。

---

[55] Descartes, R. (1636) 訳書71-72頁
[56] Descartes, R. (1649) 訳書140-141頁
[57] Thomas, K. (1983) 訳書40頁

このような考えは，スピノザの『国家論』(1677年)の「もろもろの自然物を存在させ，したがってまた活動させる力は，神の永遠なる力そのものにほかならぬ」[*58]という記述にも現れている。また，ジョン・ロックの『人間知性論』(1690年)にも，「物質は，自分自身の力量では自分自身のうちに運動さえ産めない」とか，「物質は，明白に，自分自身のうちに運動を生む力能をもたないのである」という記述がある[*59]。

このような受動的な物質観の系として，物質の全体は部分の総和にすぎないとして全体論的な議論を退ける立場がとられることとなる。

デカルトは「方法序説」の中で，問題解決の方法として，「私が吟味する問題のおのおのを，できるかぎり多くの，しかもその問題を最もよく解くために必要なだけの数の，小部分に分かつこと」という方針を掲げている[*60]が，これは全体論的な立場を認めない方針といえる。また，ロックにおいては，「思考しない物質分子は，どんなに寄せ集められても，それによって，位置の新しい関係のほかにはなにも足されるはずがなく，この新しい位置関係が物質分子に思惟・知識を与えることはできないのである」[*61]と，明確に全体論を否定している。

(5) ロックの私的所有の論理と「神」

以上みてきたように，デカルト的な世界観においては，物質に対する精神の優位が唱えられ，その精神の背景には全知全能の神が存在していた。

さて，神の存在を背景として組み立てられた思想は，デカルトの思想だけではない。市民社会論の基礎を創ったジョン・ロックの私的所有の思想の背景にも「神」が存在していた。

ロックの『統治論』あるいは『統治二論』(1690)では，第1編において，ロバート・フィルマーの『家父長制』を批判し，第2編において，ロック自身の市民社会論を展開している[*62]。フィルマーは，人間は生まれながらにして

[*58] de Spinoza, B. (1677) 訳書18頁
[*59] Locke, J. (1690) 訳書第4巻182頁
[*60] Descartes, R. (1636) 訳書23頁
[*61] Locke, J. (1690) 訳書第4巻189頁
[*62] Locke, J. (1698)

その両親に従属しており，父の権力は，聖書の権威から明らかであると議論した。ロックもまた聖書に従いつつ，フィルマーに反論を加えている。そして，ロックのフィルマーに対する反論の中には，聖書に見られる人間中心主義の追認とそれにもとづく私的所有権の主張が見てとれるのである。

たとえば，ロックは，「神は彼［アダム］に，より劣等な生物への「独占的領有権」を与えず，むしろすべての人類との共有の権利を与えたのであり，ここで彼に与えられた所有権のゆえに，彼は「君主」となったのではない」と主張する*63。ここでは，人類にはより劣等な生物への領有権が与えられていることが認められている。別の箇所では，「私の考えでは，この住むことのできる地球において，他のすべての種類の生き物の上に人類を据えること以外のことをそこに見いだすのは，まじめな読者にとっては困難である」という記述も見られる*64。

そして，ロックは，このような自然の上に立つ人間という考え方のもとで，「人間が生存の維持と安寧のために下等の被造物を使用する権利から発生する所有権」*65に議論を展開させていく。つまり，自己保存のための所有権という考え方である*66。

「人間を造った神は，すべて他の動物に対してと同様に，人間にも自己保存の強い欲望を植えつけ，そして，人間が地上で一定期間住み留まるよう，珍重すべきすばらしい神の作品が自己の怠慢や必要物の欠如によって数秒の存続の後に再び消え失せないように，との彼の企図に役立つ，食物や鉱物それに他の生活上の必要物に適したものをこの世界に具備した。人間と世界とをこのように造った神は，人間に対して語り，（つまりは）下等な動物がかの目的のために神が備えた感覚と本能によって導かれるように，人間も感覚と理性によって導かれた，自己保存のために役

---

*63 同上35頁
*64 同上48頁
*65 同上96頁
*66 このような考え方は，ルソーにも引き継がれていく。たとえば，ルソー『人間不平等起原論』（1755）では，「人間の最初の感情は自己の生存の感情であった。そしてその最初の配慮は自己保存の配慮であった。土地の産物は人間にあらゆる必要な援助を提供するのであった。(Rousseau, J-J. (1753) 訳書81頁)」と述べられている。

立つ，自己保存の手段として与えられたものの利用ができるようにしたのである」*67。

ロックは，この議論を『創世記』から直接導き出す。『創世記』第1章第28・29節では，「神は彼らを祝福して言われた。「産めよ，増えよ，地に満ちて地を従わせよ。海の魚，空の鳥，地の上を這う生き物をすべて支配せよ。」神は言われた。「見よ。全治に生える，種を持つ草と種を持つ実をつける木を，すべてあなたたちに与えよう。それがあなたたちの食べ物となる。」」とされている。また，第9章第1～3節では，「神はノアと彼の息子たちを祝福して言われた。「産めよ，増えよ，地に満ちよ。地のすべての獣と空のすべての鳥は，地を這うすべてのものと海のすべての魚とともに，あなたたちの前に恐れおののき，あなたたちの手にゆだねられる。動いている命あるものは，すべてあなたたちの食糧とするがよい。わたしはこれらすべてのものを，青草と同じようにあなたたちに与える。」」との記述が見られる*68。人間が自己保存のために動植物を利用する権利があるという考え方は，創世記のこのような記述から導かれているのである。

さらに，『創世記』の「産めよ，増えよ，地に満ちよ」という記述を踏まえて，ロックは，フィルマーを次のように批判する。「［フィルマーは］人々が存在すべきであるということにはきわめてわずかしか注意を払っていない。そして，彼の統治論はこの世界の人民を増やす道を示すものではない」*69。ロックは，自らの統治論の正当性が，世界人口の増大につながる道を示すところにもあると考えていたことも注目すべきであろう。当時，一国の人口の減少が問題視されていた。ヒュームが「古代人口論」を書いてその誤りを正そうとしたのであるが*70，古代の人口の方が17世紀の人口よりも多く，人口がどんどん減少しつつあるという認識があったのである*71。

さて，ロックは，自己保存のために人間は自然を利用することが必要である

---

*67 同上91頁
*68 共同訳聖書実行委員会（1993）
*69 Locke, J.（1698）訳書43頁
*70 Hume, D.（1742）訳書
*71 『統治論』においても，「都市の崩壊や一国の人口の減少や世界平和の乱れ」が「いつの時代も人類を悩ませてきた問題」であるとされている（Locke, J.（1698）訳書107頁）。

ことを主張したが，その場合においても，自然の力よりも人間の労働を重視した。彼は，「もし，我々が利用するいろいろなものを正しく評価し，それに必要な諸経費を計算し，どれだけが純粋に自然に帰すべきものであり，どれだけが労働に帰すべきかを考えれば，おおよそのものはその一〇〇分の九九がまったく労働によるということがわかるであろう」[*72]と述べ，「土地の価値の大部分を構成するのは労働であり，労働なしに土地はほとんど無価値なのである」[*73]とする。ここに，古典派経済学につながる労働価値説の端緒を見ることができる。

　以上のように，ロックにおいては，①人間はその自己保存のために自然を利用する権利を持っているとともに，②自然の利用価値は人間自身の労働に起因すると考えた。ここには，自然の恵みによって生命や生活の基盤を与えられる人間という人間観ではなく，自然を利用して自ら生活の基盤を開発していく人間観が見てとれる。

　このようなロックの哲学について，レオ・シュトラウスは『自然権と歴史』(1953) において，次のように評している。「ロックによれば，自然でなく人間が，自然の賜物ではなく人間の労働が，殆どすべての価値あるものの源泉である。人間がもつ殆どすべての価値あるものは，人間自身の努力のおかげをこうむっている。以来，自然に対する従順な感謝，自然に対する意識的服従や模倣ではなく，希望にみちた自信と創造性こそが，人間の高貴さを示す指標となる。人間は自然の束縛から効果的に解放され，それとともに個人も，自らの生産的獲得欲が解放されることによって，あらゆる同意や契約に先立つ社会的束縛から解放されるのである」[*74]。ロックの思想は，人間を自然から解放することと引き換えに，自然への畏怖・感謝といった観念を希薄にさせてしまったのではなかろうか。

(6) ロックの所有権論と環境制約

　ロックは，労働を行った者に対して，自然のままの状態から労働によって取

[*72] 同上185頁
[*73] 同上186頁
[*74] Strauss, L. (1953) 訳書259頁

り出されたものについての所有権が与えられると考えた[*75]。この所有権には，①腐敗させないこと，②他人に危害を与えないことという制限が設けられていた。これらは，人は，「腐敗してしまわないうちに生活のために有効に利用しうる限りにおいて」[*76]，労働によって所有権を保つことができる。また，「誰をも傷つけることがなければ」[*77]所有権を認められても良いといった記述に認められる[*78]。

このとき，他人の危害を回避すべきというロックの主張は，環境上の制約が明らかになった現在においては，適用可能かどうか怪しくなってきている。

たとえば，アラン・ライアンは『所有』（1987）において，「当然のことだが，この議論は，供給が無限に拡大されえないような財に適用されると，うまく行かなくなる。その典型的な例は土地である。もしあまりにも多くの人々が土地を所有しようとするために土地が人々に十分に行きわたらないならば，最初の占有者の所有権は他の人々の自由を制限してしまうから，それゆえ認められないことになる」[*79]と指摘する。

また，下川潔は，「ロックの危害回避の主張は，広大な「フロンティア」がなくなってしまえば，もはや擁護することはできない。フロンティアのおかげで，彼の危害回避の主張はもっともらしく見えるのであるが，実は危害回避の制約は，資源稀少性の状態においてこそ重視されるべきものである」[*80]と述べる。

ある人の財の利用や消費が，かならず環境負荷を発生させ，なんらかの悪影響を他の人の活動に及ぼすこととなるという今日的な状況においては，ロック的な所有権は成立しないのではなかろうか。環境制約の顕在化は，所有権のあり方自体を見直すことを求めているといえる。

[*75] Locke, J.（1698）訳書176頁
[*76] 同上178頁
[*77] 同上181頁
[*78] このうち，腐敗禁止の制約は，腐敗しない貨幣の導入によって解除される。
[*79] Ryan, A.（1987）訳書97頁
[*80] 下川潔（2000）186頁

5. エコロジカル経済学につながる思想の方向性

　物質に対する精神の優位や自然に対する人間の優位を主張するデカルトやロック的な考え方は，環境の存在や環境の制約を認識しつつ人間と環境との相互関係を捉えようとするエコロジカルな考え方の対極にあるように思える。

　「われ思う故にわれあり」というデカルトによる方法的懐疑を乗り越えるヒントは，バークリーの議論に隠されている。先に，検討したように，バークリーにおいては，他人の目を導入することによって観念のとぎれをなくすことによって，物質の存在が持続的に見えることと，物質が観念の中にしか存在しないと考えることの矛盾を乗り越えようとした。ここに二つのヒントが隠されている。第一に，他者の存在である。第二に，物質の存在である。つぎに，この二つを手がかりとしつつ，エコロジカル経済学につながる思想の方向性について検討することとしよう。

(1)「他者の存在」と「制度」

　まず，われわれは何からの言語を用いて思考している。たとえば，少なくとも他人にも理解できる言葉で記述されているからこそ，デカルトの「われ思う故にわれあり」という考え方が理解されるのである。仮に，ある人がまったく他人に理解できない言語を編み出し，その言語で彼の考え方を表現したとしたなら，それは，野獣の咆吼のように，その意味内容が外からは理解できないこととなる。

　デカルトが「われ思う故にわれあり」と考えたとしても，そのことを他人となんらかの形で共通する言語で記述しないと，その内容はだれにも伝わらない。デカルトの方法的懐疑やその結論が，「方法序説」などの形で記述され，出版されたということは，デカルトの思想が他人の存在を前提としていたということにほかならない。

　しかし，デカルトの世界観において他者の存在を把握するのは容易なことではなかった。木田元は，「「われ思う」から出発し，人間存在を自己にしか近づきえない意識として捉えた近代哲学にとっては，他者の認識の問題は終始解

きえぬ難題(アポリア)であった。」と述べている*81。

　他者の存在を積極的に取り入れようとしたのが、フッサールである。フッサールにおいては、自己移入によって他者の存在（他我）を構成し、複数の主観が共同で築きあげる相互関係として世界の客観性を把握しようとした*82。竹田青嗣は、フッサールの考え方の中で特に重要なのは、「主－客の「一致」としての「真理」という図式の代わりに、主観の間（相互主観的な）の「妥当」という図式を導き入れた点である。「妥当」とは、要するにそれぞれの確信の一致、相互的な納得ということだ」*83と解説している。

　フッサールの思想を引き継ぐメルロ＝ポンティにおいては、他者の存在が自己を客観化すると考えられている。たとえば、彼は、「わたしの身体は、まったく原初的なものであり、客観化されていないためである。わたしの身体が客観化されるのは、わたしが自分の身体を他のすべての人間の身体のうちのひとつの身体として考えるときであり、これを他者の間において認識する方法を学ぶときである」とし、「二つの知覚がたがいに相手を照らし出し、相手を完成するということができる」と述べている*84。

　このような考え方は、ヴェブレンの制度につながるものである。アメリカの制度派経済学者のソースタイン・ヴェブレンは、「制度」とは「大部分の人間に共通なある定まった思考習慣」であると定義している*85。言語は、複数の人間に共有されている意味内容を指し示すものであり、ヴェブレンの制度の典型となる。

　われわれの社会は、複数の人間に共有される制度があってはじめて、安定的に運営されることとなる。制度が存在しないと、他者との意思疎通もできず、思想を書き残すこともできない。逆に、すべての知的な作業は、制度への貢献として立ち現れてくることとなる。

　アーレントは、『人間の条件』（1958）の中で、人間の営みを、労働（labor）

＊81　木田元（1970）159-160頁
＊82　滝浦静雄（1994）74-76頁
＊83　竹田青嗣（1993）68頁
＊84　Merleau-Ponty, M.（1968）訳書189-190頁
＊85　Veblen, T.（1909）p.239

と仕事（work）と活動（action）に区分して把握した。人間の肉体を維持するための営みとしての労働，人工物を製作する営みとしての仕事に対比させて，活動は次のように定義されている。「活動とは，物あるいは事柄の介入なしに直接人と人との間で行われる唯一の活動力であり，多数性という人間の条件，すなわち，地球上に生き世界に住むものが一人の人間ではなく，多数の人間であるという事実に対応している」[*86]。この「活動」は，制度への貢献としての知的作業の別表現といえる。

(2)「物質の存在」と「環境」

物質が存在しているという認識は，確かに，物質の存在を認識する感覚器官が「うそ」をついているのではないか疑ってかかれば，なかなかその確認は難しい。

しかし，「物質の存在」を証明することは「神の存在」を証明することよりも容易に見える。デカルトに倣って，物質なしに精神が働くことができるかを考えてみよう。ある一瞬においては，物質なしに精神が機能するかのように考えることはできるだろう。しかし，ずっと考え続けることはできるだろうか。何時間も考え続けると，その思考には身体からの制約が必ず働くこととなる。そのため，食事，休憩，睡眠，排泄など，身体の機能を維持するための営みを行わなければならないこととなる。したがって，まず，身体の存在が認識されねばならない。そして，身体の機能を維持するために，身体はその「外部」から食物や飲料を取り入れ，身体の外部へ排泄物を排出する。この時点で身体を取り巻く外部の存在を前提とせざるをえなくなる。このように，「長い時間にわたって考える」ときには，身体とその外部の存在を認識せざるをえないのである。

ただし，このような「存在」の認識をも疑うこともできる。たまたま，食物や飲料を取り入れているかのように思っているだけで，排泄しているかのように思っているだけであるという懐疑である。なお，この場合においても，長期間の思考の中にはかならず，そのようなことを行っているという認識が含まれ

---

*86 Arendt, H. (1958) p.20

ることとなる。この認識があることを手がかりに，身体の存在，外部の存在を証明するよう議論を構築することができるのではないか。

　アーレントによると，デカルトの哲学は「悪夢にとりつかれている」哲学である。そこでは，人間生活のリアリティと世界のリアリティが疑われており，人間は自分の感覚と理性を信じることができない[87]。「客観的なリアリティは，精神の主観的状態の中に，あるいはむしろ，主観的な心的過程の中に，融解してしまう」[88]。そして，アーレントは，このような思考によって，「物理的宇宙が，純粋に推理してみても，想像することもできず，考えることもできないものである」ことが明らかになったとき，「人間の精神内部への逃亡は完結する」と述べた[89]。

　また，メルロ＝ポンティは，「自然について口をとざすすべての存在論は，身体を欠いたもののうちに閉じこもることであり，まさにこの理由から，人間，精神，歴史について，幻想的なイメージを与えるものである」と批判している[90]。

　長期間の思考という実験は，このような悪夢から抜け出し，身体とそれを取り巻く外部のリアリティに気づくための契機になろう。

　さて，身体とその外部のリアリティに気づくならば，その機能やその挙動が自分の意思から独立しているという事実が立ち現れてくる。身体の老化・機能不全，自然物の成長，天候など，どれ一つとっても，人間が完全にその意思のコントロール下に置いているものはない。

　デカルトは，ここで「神」を持ち出してくるのであるが，人間の意思から独立して挙動する存在が「完全無欠ななにものか＝神」によって創り出されたものであると考える理由はない。さまざまな始動因が自然の中に存在し，それらがぶつかりあっている自然観もありうるはずである。アリストテレスの自然観は，このようなものであった。アリストテレスにおいては，「第一義的の主要な意味で自然(フィシス)と言われるのは，各々の事物のうちに，それ自体として，それの運動の始まり〔始動因〕を内在させているところのその当の事物の実体(ウーシア)のこと

---

[87]　前掲書 p.441
[88]　同上 p.448
[89]　同上 p.456
[90]　Merleau-Ponty, M.（1968）訳書168頁

である」[91]とされている[92]。

「自然」という言葉自体,「自ずから然る」という意味内容であるが,アーレントは,まさに,人間から独立して動くところに自然の特徴を見いだしている。「人間の助けなしに生成するというのがすべての自然過程の特徴であり,「作られる」のではなく,ひとりでに自分の成るところのものに成長するものが自然的なものなのである」[93]。

人間は,人間から独立して動く「環境」に依存しつつ,その経済を営んできた。

メルロ＝ポンティは,「自然という対象は,人間が立ち現れた場であり,人間が生まれるための条件が少しずつ形成され,やがてある瞬間にこれが一つの実存として結ばれた場であり,人間を支え続け,人間に素材を与え続けてきたものである」と述べる[94]。

また,アーレントは,「地球は人間の条件の本体そのものであり,おそらく,人間が努力もせず,人工的装置もなしに動き,呼吸のできる住家であるという点で,宇宙でただ一つのものであろう。たしかに人間存在を単なる動物的環境から区別しているのは人間の工作物である。しかし生命そのものはこの人工的世界の外にあり,生命を通じて人間は他のすべての生きた有機体と依然として結びついている」[95]。と述べている。

これらの認識は,エコロジカル経済学の世界観と極めて親和的である。「物質」の存在を認め,その挙動が人間の意思から独立して挙動するものであることを認めると,それが,人間の経済に対峙する「環境」として立ち現れ,エコロジカル経済学の世界観につながっていくのである。

---

[91] Aristotelis 訳書163頁
[92] なお,このような始動因を「神」と呼ぶとしても,それが単一である保証はない。実際に,「複数の神々」が自然に潜んでいるという世界観を持っている民族もある。たとえば,アイヌ民族は,天地創造の神話を持っているが,「人間,動物,植物といった実在するものばかりではなく,火の神,狩猟の神,幣場の神といった良い神,および木原の怪鳥,世界の化物,疫病をもたらす疱瘡神などの,わざわいの元凶となる超自然的存在も同時に生み出されたと考えられている」(山田孝子 (1994) 28頁)。
[93] Arendt, H. (1958) 訳書240頁
[94] Merleau-Ponty, M. (1968) 訳書171頁
[95] 前掲書11頁

第2章
「環境」と「経済学」を再考する

1. 十分に明確にされていない「環境」の意味内容

　そもそも「環境」とはなんだろうか。「環境問題」に対する関心の高まりとともに、わが国においても環境経済学、環境法、環境社会学など「環境」を冠する各種社会科学に関わる関心が高まり、それぞれの分野に関する学会が設立されるようになった[*96]。しかしながらこれらの社会科学の中核概念たる「環境」の意味内容については、十分に明確にされていないように思われる。

(1)「環境」の定義の困難性
　「環境」を定義することは難しい。まず、辞書的な定義を見ると、たとえば、広辞苑では、環境とは、「①めぐり囲む区域、②四囲の外界。周囲の事物。特に、人間または生物をとりまき、それと相互作用を及ぼし合うものとして見た外界。自然的環境と社会的環境とがある」とされている。また、岩波国語辞典においては、「それを取り巻く、まわりの状況。そのものと何らかの関係を持ち、影響を与えるものとして見た外界」とされている。とくに、岩波国語辞典の定義に象徴的に表れているが、「環境」を定義する際には、なんにとっての「環境」か、なにが「環境」に対峙するものなのかを併せて明らかにすることが求められるのである。
　わが国のさまざまな法律を見ても、さまざまな意味内容の「環境」という用

[*96] わが国では、1992年に環境社会学会、1995年に環境経済・政策学会、1997年に環境法政策学会がそれぞれ設立された。

語が見られる。たとえば，少年法には「家庭，交友関係その他の環境」という用例が見られ，学校教育法には「幼児を保育し，適当な環境を与えて」という用例がある。これらは，「少年」あるいは「幼児」を主体として選び，その周囲の事物を「環境」としているものである。また，税制改革法には「税制改革の円滑な推進に資するための環境の整備」という用例が見られるが，これは，「税制改革の推進という施策」を主体とし，それを取り巻く情勢という意味で「環境」という用語を用いたものである。

　さて，環境政策科学における「環境」とは，どのような意味合いを持つものだろうか。この問いに答えるためには，環境政策科学においてなにを「環境」に対峙するものとして認識すべきなのかを考察する必要がある。つまり，環境政策科学における「環境」の意味内容を定めるためには，環境政策科学において少年法における「少年」に当たるものは何かを検討する必要がある。この問いに演繹的に答えを導くことは難しい。ここに，「環境」の定義の難しさがある。しかし，環境政策科学が対象とする「環境」には，ある一定の範囲が想定される。たとえば，「税制改革の円滑な推進に資するための環境の整備」という場合の「環境」は，環境政策科学における「環境」とは明らかに異なるであろう。

(2) 環境法における「環境」の把握

　まず，環境法における「環境」の意味内容を検討しよう。

　「環境法」を体系的に記述することを目指した文献にはさまざまなものがある*97が，環境の定義を詳しく論じているものは少ない。たとえば，阿部・淡路編著 (1995) においては，環境一般を定義する方法は実際上きわめて困難であろうとしたうえで，施策を要する環境の要素とその環境保全上の支障から環境の範囲が定められることとなると述べている。松村 (1995, pp1-6) では諸外国の環境法における「環境」の定義などを引きつつ，環境概念の不確定性と多様性を指摘している。松浦 (1997, pp23-33) では，広義の「環境」には人工

＊97　阿部・淡路編著 (1995)，松村 (1995)，富井他 (1997)，山村 (1997)，松浦 (1997)，大塚 (2002) など。

的環境要素も含まれるが，法的概念としての「環境」は自然的環境要素を中心に理解されるべきとしている。

環境政策の基本的な事項を定める「環境基本法」（1993年）では，その立案に当たって，何が「環境」であるかについてさまざまな議論が行われた。成案では「環境」の定義を置かないこととなったが，これは「環境基本法制が対象とすべきいわゆる環境の範囲については，今日の内外の環境問題の国民的認識を基礎とし，社会的ニーズに配慮しつつ，施策の対象として取り上げるべきものとすることが適当である。そもそも，環境は包括的概念であって，また，環境施策の範囲は，その時代の社会的ニーズ，国民的認識の変化に伴い変遷していくものである」[*98] という認識にもとづくものである。つまり，環境政策の範囲を時代のニーズとともに変遷するものと捉えたために，環境の定義を置くことは不適切であると考えたのである。

ただし，「環境基本法」では，第3条から第5条に環境の保全に関する基本理念が規定されており，特に第3条において「環境」の属性が明らかにされている。環境基本法第3条は，次のような条文である。

「環境の保全は，環境を健全で恵み豊かなものとして維持することが人間の健康で文化的な生活に欠くことのできないものであること及び生態系が微妙な均衡を保つことによって成り立っており，人類の存続の基盤である限りある環境が，人間の活動による環境への負荷によって損なわれるおそれが生じてきていることにかんがみ，現在及び将来の世代の人間が健全で恵み豊かな環境の恵沢を享受するとともに人類の存続の基盤である環境が将来にわたって維持されるように適切に行われなければならない。」

この条文では，次のようなものとして「環境」が把握されている。

1) 環境が，生態系が微妙な均衡を保つことにより成り立っていること。
2) 環境が，人類の存続の基盤であること。
3) 環境が，限りあるものであること。

[*98] 平成4年10月20日中央公害対策審議会・自然環境保全審議会答申。なお，こうした議論の背景には，環境政策の範囲が「環境」の定義を置くことによって狭められるおそれがあり，これを回避するという政策判断があった。

4) 環境が，人間の活動による環境への負荷によって損なわれるおそれが生じてきていること。

ここでは，「環境」は三つの属性を有するものとして記述されている。第一に，人類または人間の活動に対峙するものとして描かれている。第二に，物理的な実態を伴うものとして記述されている。税制改革という施策を取り巻く環境のように，抽象的にしか把握できない環境ではなく，物理的実態を伴う「限りある環境」である。第三に，自然的なものとして把握されている。つまり，室内のような人工的なものではなく，生態系が微妙な均衡を保つことにより成り立っている自然的なものである。

また，14条では，環境の保全に関する施策の策定及び実施は，次の事項の確保を旨として行われなければならないと規定している。

1) 人の健康が保護され，及び生活環境が保全され，並びに自然環境が適正に保全されるよう，大気，水，土壌その他の環境の自然的構成要素が良好な状態に保持されること。
2) 生態系の多様性の確保，野生生物の種の保存その他の生物の多様性の確保が図られるとともに，森林，農地，水辺地等における多様な自然環境が地域の自然的社会的条件に応じて体系的に保全されること。
3) 人と自然との豊かな触れ合いが保たれること。

この条文においても，「人の活動に対峙する物理的自然的存在」が「環境」であると認識されているといえる。

(3) 環境社会学・環境心理学における「環境」の把握

次に，環境社会学と環境心理学における「環境」の概念を検討しよう。

① 環境社会学における「環境」

環境社会学とは，1970年代末に，アメリカにおいて，キャットンとダンラップによって提唱された新しい社会学の領域である。彼らによると，環境社会学は，次に掲げるような「新たなエコロジカル・パラダイム（New Ecological Paradigm：NEP）」を前提とする社会学をいう[99]。

---
[99] 濱嶋他編（1997）88頁

1. 人間は，たとえ文化や技術といった他の動物にないものを持っているにしても，地球の生態系の中でお互いに依存しあって生存している多くの生物種の一つにすぎない
2. 人間世界の活動は，社会的，文化的要因だけから影響されるのではなく，自然という入り組んだシステムのなかで，原因と結果，そしてフィードバックの複雑な連鎖によって影響される。それゆえ，ある目的を持った人間行為がしばしば意図しない結果を生むこともある。
3. 人間は，その活動に明確な物理的，生物的制約を課す有限な生物・物理的環境のもとで生活し，それに依存している。
4. 人間がどれほど多くの発明をし，あるいは，その力で人間がほんの少しの間，環境の持つ制約を超越できたようにみえても，生態学的法則を無効にすることはできない[100]。

NEPにおいても，人間は，有限な生物的物理的環境に対峙して，その制約を受けながら存在するものとして把握されることとなる。

また，飯島編（1993）では，「本書が「環境」という言葉によって直接的に意味しようとするのは，従来，社会学研究において関心を示されることの少なかった物理的・化学的あるいは自然的環境である」（3頁）とされ，「物理的環境や化学的環境，あるいは自然的環境の変化や悪化と関連して，人間生活，人間集団，人間社会，社会関係などに発生するさまざまな影響や問題」を「社会学的視点からの「環境問題」の定義」としている（4頁）。

② **環境心理学における「環境」**

環境心理学とは，「環境が人間に及ぼす心理的影響を研究する分野」[101]とされている。

この学問分野においては，早くから「環境」の概念の明確化の試みがなされてきた。

まず，コフカ（Koffka）は，凍結し，雪をかぶったコンスタンス湖は，その上をゆく旅人にとっては，雪の積もった草原と認識されていたかもしれず，もし湖であると知っていたならば，この旅人は湖の上を歩かなかったかもしれな

---

[100] Humphrey and Buttel（1982）訳書14頁
[101] 濱嶋他編（1997）88頁

いという有名な挿話を例示しつつ，物理的環境（あるいは地理的環境）と心理的環境（あるいは行動的環境）を区別した。先の挿話においては，雪をかぶったコンスタンス湖が物理的環境であり，雪の積もった草原という認識が心理的環境である。物理的環境が人の経験的な世界を媒介して心理的環境を準備し，人の行動は心理的環境において生起するのである[102]。

　コフカの環境概念を精密化したのが，レヴィンである。レヴィンは，人とその人にとって現存する心理的環境とから成り立つ「生活空間」を構想し，一定時における行動の唯一の決定要素はその時点での「場」つまり「生活空間」の特性であるとした[103]。このように捉えることにより，人のもって生まれた性質と人が認知により取得した外的事象の状況の双方が作用して「行動」が起こされるというメカニズムが概念化されたのである。

　さらに，レヴィンの弟子にあたるバーカー（Barker）は，レヴィンの生活空間の理論では行動有機体に与える物理的環境の影響を処理できないことに注目し，人の体験や知覚生活空間の進展と物理的・地理的環境との関係を把握するために，明確な時間的空間的な位置を持ち，心理的な環境とは独立した，客観的な環境の単位の研究を提唱した[104]。

　このように環境心理学においては，おおむね，認知の対象となる環境と，認知の結果にもとづいて心理的に生起する環境の二種類の「環境」概念を持ち，前者の環境の状況が後者の環境の状況を変化させ，後者の環境の状況が人の行動を規定するという枠組みを構築してきたといえよう。

(4) 環境経済学における「環境」の把握

　「環境経済学」では，「環境」の概念をどのように把握してきたのだろうか。

　宮本（1989）は，「環境経済学」の名称を冠したわが国の研究者による最初の書物である[105]。この本では，「環境とはなにか，どの範囲の対象をさすのかというのは大変むつかしい」と述べつつ，都市の生活環境が，1）自然的生

---

[102] 相馬・佐古（1976）31頁
[103] Lewin（1951）訳書56-72頁
[104] 相馬・佐古（1976）33頁
[105] 環境問題に対する経済学的なアプローチに関わる先駆的な業績としては柴田（1973），玉野井（1978）などを挙げることができる。

活環境（大気（気象）・河川・森林・動植物などの理化学的・生物学的環境）と，2）社会的生活環境（住宅・街路・緑地帯・公園・上下水道・清掃施設などの社会的共同消費手段，建築物や街並みなどが作り出す景観など）の二つの条件から成り立っているとしている。ただし，「人類の生存は居住環境によって規定されているだけではなく，宇宙や地球の生態によっても規定されている」とも述べられ，結局，「環境を一義的に規定することはむつかしく，研究の関心によってその問題領域を設定せざるを得ない」という考え方に落ち着いている[106]。

「環境」を幅広い概念として捉えるべきとする考え方は，その後にわが国で公表された「環境経済学」に関する書物にも引き継がれている。たとえば，植田・落合・北畠・寺西（1991）では，「「環境」とは，決して固定的ないし一義的に考えるべきものではなく，非常に幅広い対象を含むものとして考えなければならない」[107]，「破壊が問題となる「環境」の内容は，要するに，人間社会の歴史的発展とそれに伴う人間活動の領域そのものの拡大に伴って，ますます多様化していかざるを得ない」[108]とされている。そして，この考え方は植田（1996）でも踏襲されている[109]。

「環境」を明確に定義しない代わりに，植田・落合・北畠・寺西（1991），植田（1996），寺西（1997）では，環境問題の具体的な形態を，環境汚染，アメニティ破壊，自然（環境資源）破壊の三つのカテゴリーに大別することができるとしている[110]。この分類は，環境が人間活動との関わりで持つ機能に着目したものであり，汚染を同化する者としての環境機能が破壊されることが「環境汚染」に，消費に直接役立つ財・サービスの供給者としての環境機能が破壊されることが「アメニティ破壊」に，生産に用いられる資源の供給者としての環境機能が破壊されることが「自然（環境資源）破壊」にほぼ対応するものであるとされている。

---

[106] 宮本（1989）55-57頁
[107] 植田・落合・北畠・寺西（1991）4頁
[108] 前掲書5頁
[109] 植田（1996）4頁
[110] 植田・落合・北畠・寺西（1991）7頁，植田（1996）5頁，寺西（1997）98頁。ただし寺西（1997）は，「破壊」を「被害」に置き換えて議論を進めている。

では，環境の機能に着目して「環境」を把握しようとする試みは，環境経済学の対象となる「環境」を十分に同定しているだろうか。たとえば，経済主体Aが経済主体Bに対して継続的に原材料を供給している場合，経済主体Bにとって経済主体Aは「生産に用いられる資源の供給者」であるが，経済主体Aが倒産することを「環境資源破壊」の問題とは言わないだろう。次に，経済主体Bが市場から購入した原材料を在庫として抱えている場合，この在庫が枯渇することも「環境資源破壊」の問題とは言わないはずである。単に，機能に着目するのみでは，環境経済学の対象となる「環境」を十分に同定することはできないのである。

2.「環境」を含む世界と「環境政策科学」

「環境」の定義を行うことは，理論の適用範囲をいたずらに狭めるおそれがあるため，「環境」の範囲は柔軟に解釈できる余地を残すべきであるという考え方もあるかもしれない。しかしながら，理論を構築するためには，理論の構築に当たって捨象してはならない部分と捨象してもかまわない部分を明確に認識することが必要である。このために環境政策科学が対象とする「環境」の性質を十分に把握することが必要とされるのである。

では，前項での検討を踏まえつつ，環境政策科学の対象としての「環境」とはなにかを明確にすることとしよう。

(1)「環境」

前項の検討の過程で「人の活動に対峙する物理的自然的存在」としての「環境」概念が浮かび上がっている。まず，この概念を整理することとしよう。

まず，「人の活動に対峙しない物理的自然的存在」とは，どのようなものだろうか。これは，およそ人の活動が及ばない物理的自然的存在であり，遠く名もない星の上での物理的な存在などが該当する[111]。およそ人の活動が影響することも，人の活動に影響することもない物理的自然的存在は，「環境」の範

---

[111] 地上から観測可能な恒星の光は，人の活動に対峙する物理的存在の範疇に含まれる。

疇には含まれない。

　では，「人の活動に対峙する物理的自然的存在」のすべてが「環境」に含まれるだろうか。たとえば，生産物として取り引きされる「商品」も物質とエネルギーからなるが，これは「人の活動に対峙する物理的自然的存在」に含まれるであろう。しかし，直観的には「商品」自体が環境政策における環境に含まれるとは考えにくい。「環境」とそれ以外を分けるものはなんだろうか。

　この点について Perrings（1987）は，「経済と環境の間に仕切線を引くのは，人間によるコントロールの限界である」[*112]と指摘している。この指摘は重要である。われわれを取り巻く物質やエネルギーは，物理的（化学的）な均衡に向かう力によって絶えず運動を続けている。人間は，この力を利用することはできるが，この力を自由に変えることはできない。たとえば，化学反応を思いのままに変えることはできない。したがって，まず，「物質やエネルギーが物理的（化学的）な均衡に向かう力」自体は，人の活動にとって与件とならざるをえない。

　また，人間によるコントロールの限界は，人間の知見の限界によっても生じる。たとえば，気象は人間によってコントロールできないが，気流・海流・蒸散など気象を規定するあらゆる事象について人間が知見を持つようになれば，特定の気象を提供するサービス産業が発生するかも知れない。しかしながら，非線形・カオスにかかる近年の知見は，単純な離散力学系の軌道であっても，その軌道をあらかじめ決定することはできない場合が存在することを示している[*113]。気象のコントロールなどはいかに関連する知見の充実に努めても不可能であろう。

　このように，物質とエネルギーからなる物理的存在には人間の意思とは独立に作用する力が内在している。この力を人間が意のままに変えることができないという事実が「環境」の根幹部分をなすといえよう。

　物理的存在の中には「生きている」ものがある。何をもって「生きている」とするかについては，さまざまなアプローチがなされている。たとえば，玉野井（1982）は，シュレディンガーに触発されつつ「生命とは，生きているこ

[*112] Perrings（1987）p.4
[*113] 山口（1986）などを参照。

とによって生ずる余分なエントロピーを捨てることによって定常状態を保持している系」と定義している[*114]。また，マトゥラーナとヴァレラ（1980）は，生命システムを，自分自身を産出したプロセスのネットワークを再生産するオートポイエーシス・システムとして把握している。

ホメオスタシス機構を備えた動的な系として生命を捉える立場も，自律的に自己組織化を行う系として生命を捉える立場も，生命を形作る系が自律的なシステムであると認識している点には変わりはない。

このようなシステムとしての「生命系」が存在する場合，この「生命系」の自律的な振る舞いは，人間の意思とは独立に作用する。個々の生物の再生産，食物連鎖，微生物による分解を通じて生態学的に均衡がもたらされる力，個々の生物が誕生し，生長し，死滅する条件などは，人間が思いのままに変えることができない。たとえば，樹木の生長に要する時間は人間のコントロールの及ばないところで定められており，いくらお金を積んでも，樹齢100年の森を1年で再生することはできない。また，「生命系」は「死ぬ」場合があり，どのような条件で「死ぬ」かについても，人間の意思とは独立に定まることとなる。

また，「生命系」が存在する場合，人間の知見の限界がより明確に現れることとなる。この点，カオスの発見が，個体群生態学において最初になされたことは重要である。つまり，ある生物の個体数のように自律的に周期的振動を発生させる変数については，将来のある時点での個体数の状況を決定論的に定めることができない場合が，ある程度一般的に存在するのである。「生命系」はその自律性ゆえに「環境」の根幹部分を占めることとなる。

以上の考察を踏まえて，「環境」を「人の活動に対峙する物理的自然的存在であって，人が設計していないもの」と定義することができよう。

② 「人工物」

一方，「商品」は，特定の用に供するために設計者の設計に沿って物質・エネルギーを組み合わせたものであり，設計者の設計意図を具現化した部分を理念的に捉えると「環境」には含まれないといえる。現実には「商品」といえど

[*114] 玉野井（1982）141頁

も腐食・腐敗・劣化など物理的（化学的）な均衡に向かう力から解放されるわけではないが，これらの力は，設計者の設計意図に含まれないものであり，「環境」に属するものと考えることができる。

「商品」のみならず，人間が設計して作り出す生産物は，設計意図が果たされている限りにおいて，すべて「環境」には含まれない。このような「人工物」には，道路，鉄道，港湾，空港などのインフラから，工場などの生産財，自動車，家電などの耐久消費財，清涼飲料などの非耐久消費財までが含まれる。これらの「人工物」には，絶えず腐食・腐敗・劣化・摩耗などの「環境」の力が襲いかかっており，時間が経てば設計意図が果たされない程度に壊れてしまう。その段階で，その「人工物」は「環境」の範疇に戻っていくこととなる。

「人工物」は，その挙動について人間が設計している存在であり，第1章で紹介したアーレントによる人間の営みの整理のうち，仕事（work）によって作り出されるものが「人工物」ということができる。アーレントは，「仕事は，すべての自然の環境と際立って異なる物の「人工的」世界を作り出す。その物の世界でそれぞれ個々の生命は安住の地を見いだすのであるが，他方，この世界そのものはそれらの生命を超えて永続するようにできている」と述べている[*115]。

③ 「人間」と「人間の経済」

他の人間は，ある人間から見ると，コントロールすることのできない存在となろう。また，人間は，人間自身が「設計」したものではない。また，人間自身の機能については未だ十分に明らかにされていない部分もあり，老化など，人間の意のままにならないことも存在する。このように，人間は「環境」のあらゆる特徴を内に備えている存在である。しかし，環境を「人の活動に対峙する存在」と認識するが故に，「人間」自体は「環境」に含まれないものと整理することとする。

「環境」の範疇に含まれない「人工物」と「人間」から「人間の経済」が構成される。「人間の経済」は，「人間」の用に供するために「人工物」を生産し，「人間」は生産された「人工物」を用いて，あるいは消費しつつ，生活を営むこととなる。

[*115] Arendt（1958）訳書20頁

④ 「意味」と「制度」

われわれは，物理的自然的存在である「環境」から「情報」を入手し，入手した「情報」に「意味」を与えながらどのような「行動」を起こすかを決定している。個人が，「情報」に対してどのような「意味」を与えるかは，各個人によって異なる。

前述したように環境心理学においては認知の結果にもとづいて心理的に生起するものを「心理的環境」と表現している。本書では，「環境」という言葉を物理的自然的存在として把握したため，「心理的環境」という言葉は用いずに，単に「意味」として表現することとしたい。

個人がばらばらに「意味」を与える場合，各個人は極めて不確実な世界に置かれることとなる。他人の行動がどのように行われるのか，あるいは，「環境」がどのように反応するのかが，完全に予見できない世界に置かれるのである。このような世界においては，各行動主体は不確実性を減少させる方向のインセンティブを有するだろう。

そして，行動主体の行動がどのように行われるのかという点に関する不確実性を減少させる観点から生まれてくるものが「制度」である。ここでは，「環境」に与える「意味」の内容のうち複数の行動主体に共通して保有されるものを「制度」と呼ぼう[※116]。たとえば，言語，慣習，契約，法など，その安定度においてさまざまなレベルの制度が存在する。

実際には，すでに獲得された「制度」が教育などを通じて，次の世代や新しい構成員に伝達・普及することとなると考えられるが，「制度」の源泉を考察すると，次の二つが挙げられるであろう。第一に，他者とのコミュニケーションである。他者とコミュニケーションを図る中で，意思疎通を行い，共有の理解に達し，その者と「意味」を共有することを繰り返す中で「制度」が析出することが想定される。第二に，「環境」である。崖が目前にある場合に人々が危険であると感じたり，果物を食した場合においしいと感じたりすることによって，「崖」や「果物」といった物理的自然的存在が人間行動に与える意味内容が複数の主体において似通ったものとなっていき，「制度」が析出するとい

※116 第1章でも触れたように，Veblen (1909) p.239においては，「制度」とは「大部分の人間に共通なある定まった思考習慣」であると定義されている。本稿の定義はこれを踏襲している。

うルートがあろう。

(2) 「環境負荷」と「環境問題」
① 「環境系」，「環境負荷」，「臨界環境負荷」

　人間の「行動」は「環境」において生起する。つまり，人間の行動は「環境」を変化させる。「環境」は，先に述べたように自律的に均衡に向かう力を有している。この力は，「環境」中に存在するさまざまなホメオスタシス機構によって生み出されている。このようなホメオスタシス機構を「環境系」と呼ぶこととしよう。人間の「行動」によって与えられた撹乱は，「環境系」によって時間とともに同化されていく。このとき，人間の「行動」によって「環境」にもたらされる撹乱であって，未だ「環境系」によって同化されない部分を「環境負荷」（environmental load）と呼ぶことができる[*117]。

　また，環境負荷の量を徐々に増やしていった場合，やがてその量は「環境系」の機能を破壊するレベルに達する。環境負荷の量が「環境系」の機能を破壊するレベルに至るまさにそのときに与えられる環境負荷を「臨界環境負荷」（critical environmental load）と呼ぶことができる。

　なお，ホメオスタシス機構を有する「環境系」（たとえば，個々の樹木）は，より大きな「環境系」（たとえば，森）のホメオスタシス機構の一要素として機能するという入れ子構造をなしており，臨界環境負荷は，「環境系」のそれぞれに与えられることとなる。このとき，個々の「環境系」に対する臨界環境負荷のレベルは，自然科学的な知見により確認される。

② 「環境問題」

　さて，「環境問題」とは，環境負荷の存在に関わる情報や，環境負荷が「環境系」に同化され，もしくは「環境系」を破壊した結果生ずる「環境」の状態に関わる情報が，ある個人に与えられ，当該個人が当該環境負荷を発生させる

[*117] 環境基本法第2条第1項では，「環境への負荷」とは，「人の活動により環境に加えられる影響であって，環境の保全上の支障の原因となるおそれがあるもの」をいうと定義した。この「環境への負荷」の定義は，本文中の環境負荷の定義より広い。つまり，環境基本法では，国立公園内の建造物の色彩の変更のように，環境のホメオスタシス機構に直接の影響をもたらさないが人間の心理的環境（美観）に影響をもたらす可能性があるものも「環境の保全上の支障の原因となるおそれがあるもの」として認識している。

「行動」を修正させる動機を有することと把握することができる。

　環境負荷が存在すること，あるいは「環境系」が破壊されることが，常に「環境問題」として認識されるわけではない。人間が行動を起こすときには，多かれ少なかれ，環境負荷が発生するのであり，これがすべて「環境問題」であるということにはならない。

　「環境問題」は，損なわれる「環境」が人間にとって価値の高いものである場合に発生する。つまり，損なわれる「環境」の価値づけが「意味」の体系において行われてはじめて「環境問題」であるかどうかが確定するのである。具体的にどのような内容が「環境問題」として把握されるかをあらかじめ確定することができないという点で，この「環境問題」の把握は，「環境問題」の内容が時代とともに変化して行かざるをえないとする従来の見方とも整合的である。

　また，「環境」に与えられる価値には，「物質的な価値」と「非物質的な価値」があろう。「物質的な価値」とは，1）人間の活動に必要な物質やエネルギーを与えるものとしての環境（ソース（source）としての環境）に与えられる価値と，2）人間の活動によって用いられた物質やエネルギーの捨て場としての環境（シンク（sink）としての環境）に与えられる価値をいう。一方，「非物質的な価値」とは，それが存在すること自体に与えられる価値をいう。たとえば，景観に与えられる価値，生物の存在に与えられる価値などがこれに見られる環境汚染，アメニティ破壊，自然（環境資源）破壊の3類型は，それぞれシンクとしての環境に与えられた価値が損なわれること，非物質的な価値が損なわれること，ソースとしての環境に与えられた価値が損なわれることにほぼ対応している。

(3) 環境政策科学とはなにか

　上記のような枠組みにおいて，「環境系」がどのように反応するのかという点に関する不確実性を減少させる観点から生まれてくるものが「自然科学」であり，自然科学によって得られる知見が「自然科学的知見」である。「環境系」の挙動は人間行動から自律的であるため，独立した観察対象となり，自然科学が成立するのである。

また，上記の枠組みにおいて社会科学の分析の対象となりうるのは，行動主体の行動を規定する「制度」のあり方になろう。「制度」は，多数の行動主体に関わるものになるにつれ，個々の行動主体によって自由に変えることができないものとなるため，科学的な観察対象となりうるのである。

　そして，環境社会科学は，環境問題の回避・解決という観点からどのような「制度」が必要かを検討し，現状の「制度」をどのような政策を用いてどのように変えていくことが合理的かを明らかにすることを課題とすることとなろう。

　環境政策科学において重要なのは，環境問題が人間と「環境」の相互作用の中で発生するという認識である。従来の主流派の経済学がこの認識を充分に持ってきたかどうか疑わしい。「環境」が人間の思いのままにコントロールできるならば，人間にとって価値の高い「環境」が損なわれるという状況は発生しない。「環境問題」は，物理学的法則や生物学的生態学的な振るまいに従って自律的に機能する「環境」の存在を前提してはじめて生ずるのである。「環境問題」を把握するための経済理論の構築に当たってこの点を捨象することは許されない。

3. 新古典派経済学の限界

　われわれは，人間の意思決定から自律的に挙動する「環境」の存在を前提として，「環境問題」の発生を回避し，その程度を軽減できるような「制度」のあり方を構想していく必要がある。このような作業にあたって，新古典派経済学にもとづく主流派の経済学は，その有用性が問われている状況である。まず，このことを森林環境税に関する議論を例にして明らかにすることとしよう。

(1) 森林環境税の税額は？

　あなたは，ある県の税務課に勤めている。税務課長から，最近はやりの森林環境税を導入することを検討せよと命ぜられた。森林環境税は，森林の手入れを行うための財源を森林の受益者に負担してもらう税金である。森林は，水源の涵養，木材の産出，野生生物の住処の提供，リクリエーションの場の提供など，さまざまな便益を県民に提供している。林業従事者の減少などによって，

その森林の手入れが行き届かず，森林が貧弱になり，その機能が衰えてきているので，新たな財源を確保しようというのだ。

あなたは，森林の手入れを行うためにどれだけのお金を支出することが適当かを決めなければならない。そこで，さる経済学者のところに相談に行ったところ，森林を維持することに県民がどれだけ支払う意志があるのかを調べて，その金額に相当する税金を課すべきだと，アドバイスを受けた。アンケート調査をやって，県民の森林に対する支払い意志額を把握すべきだというのである。

この経済学者のロジックはつぎのとおりである。森林の維持のためにどれだけ追加的に支出すべきかは，森林が維持されることによってどれだけ便益が得られるか，つまり，その便益に対して受益者がどれだけの額を支払う意志があるかによって決めるべきという考え方である。

図2-1の横軸には，森林からの受益の量を示している。受益を増やすためには，森林の手入れ（対策）を行う必要がある。このとき，森林には，里に近く手入れをしやすいところと，奥山の手入れをしにくいところがあり，手入れの量を増やそうとすると，単位面積あたりの費用は高くなっていく。したがって，対策の限界費用は右上がりになる。

一方，対策によって人々は，森林からの受益を確保でき，それから効用を得ることができる。この効用が大きければ，人々は手入れにお金を支払ってもかまわないと思うだろう。つまり，効用の大きさに応じて，支払い意志額が決まるのである。1杯目のごはんはおいしくても，2杯，3杯と重ねるにつれて要らなくなっていくように，森林の便益から得られる効用が逓減していくと考えると，対策の増分に対する支払い意志額（限界支払い意志額）は右下がりとなる。

そして，この経済学者は，対策への限界支払い意志額と対策の限界費用が等しくなる点が最適点であり，図2-1でいうと網かけされた四角形の面積に相当する金額をまかなえる額が最適な森林環境税の水準だというのだ。

さて，あなたは，この経済学者のアドバイスにしたがって，県民にアンケートを行うこととなった。

森林からの便益としては，先に挙げたように，水源の涵養，木材の産出，野生生物の住処の提供，リクリエーションの場の提供など，さまざまなものがある。木材の産出額などは貨幣単位で把握できるが，野生生物の生息地としての

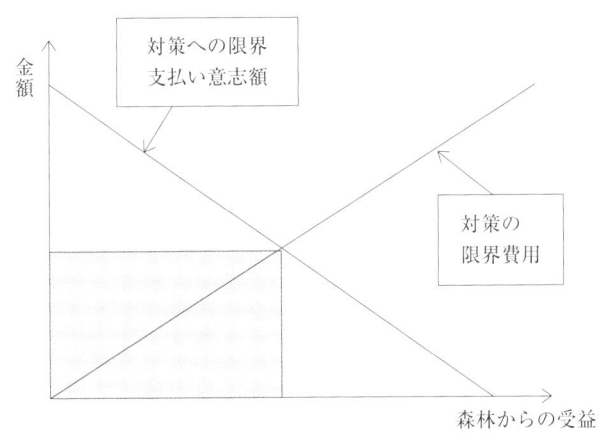

図2-1　ある経済学者の考え方

価値や，森林があることによって癒されることの価値などについては，アンケートによって直接市民から聞かないと把握できない。そこで，県内の森林の現状とその意義を県民に示し，県民が考える森林の価値を金額で示してもらうという形のアンケートを実施したのである。アンケートを集計して，統計処理すると，県民は年間で3000億円の税金を支払ってもよいと考えていることが分かった。この額から逆算して，あなたは，無事，森林環境税の税率を試算することができた。

(2) 経済学のロジックの落とし穴

この話がすんなり理解できる人は，経済学的な思考になじんでいる人といえるだろう。この話を理解できて，その問題点に気づかない人は，経済学的な思考になじんでいて，その思考を環境問題に適用する際にわきまえなければならない点を見過ごしがちな人といえるかもしれない。

さて，この話のどこに問題が隠されているのだろうか。

まず，アンケート調査によって本当に森林の価値が測れるかどうかという論点があるが，この点については，仮想評価法（CVM）において，調査の方法に伴うバイアスをどのように回避するのかという研究がいろいろ行われているので，関心のある人はそちらを参照されたい。

それよりも重要な論点は，森林からの各種受益に対する県民の年間支払い意志額を正確に測定できたとしても，その額と森林の手入れのために必要な年間予算額（つまり森林環境税による予定税収）とは，まったく関係がないということである。

　屋久島のような原生林と，手入れの行き届かない貧弱な人工林を比較すると，人々はどちらの森林からの受益を高く評価するだろうか。おそらく，原生林の方を高く評価するのではないだろうか。しかし，森林の手入れに必要な今年の予算額は，後者の人工林の方が大きいはずである。つまり，森林から得られる受益の貨幣評価が小さい貧弱な人工林の方が，手入れのために必要な予算額が大きくなるのだ。これは矛盾ではないか。

　では，経済学のロジックのどこに問題があったのだろうか。ポイントは，「森林からの受益」を，人間の力によって生み出される「人工物」と同じように取り扱ってしまったことにある。仮に，森林からの受益が，人間が手入れをしなければ得られないという性質のものであったとしたら，この学者のロジックは成立したかもしれない。

　しかし，森林からの受益は，そのような性質のものではない。森林の受益は，基本的に，人の手を加えなくとも得られるものである。

　森林には，原生林，天然林，人工林の三つの種類があるといわれている（井原俊『日本の美林』岩波新書）。原生林とは，人の手がほとんど入っていない森林である。日本では，江戸時代の初期に，ほとんどの原生林を切り倒してしまっている。

　天然林とは，天然更新を旨として，抜き切りによって，樹木を生産する森林といえる。天然林においては，ほとんど手入れを必要としない。たとえば，青森下北半島のヒバは，木曽ヒノキ，秋田スギに並んで，日本三大美林といわれているが，そこでは理想的な天然林施業が行われてきた。森林をいくつかの団地に分け，一つの団地では30年に1度，約30％の抜き切りを行う。『日本の美林』では，このヒバ林をつぎのように紹介している。「植林費はゼロに近い。跡地にブナやカエデの種が飛んできて，芽を出す。ヒバも種を落とし，自然に苗が生えてくる。また，地面に垂れ下がった枝から発根し，苗木になることも多い。さらにスギやヒノキの人工林のように，下草刈りをする必要もない。上

層の樹木が光を受けてしまうので、雑草が生えにくい。皆伐することがなく、山を裸にしないので、治山、治水機能も高い。樹種が豊富で、森は美しい。木材の生産力も高い。ヒバ天然林は、まさに理想の森といえるだろう」。この青森ヒバに代表されるように、原生林や天然林がもたらす受益は、人の手入れではなく、自然の力によってもたらされるものであるといえよう。

一方、人工林は、数十年ごとに皆伐を行う形の森林である。人工林の場合には、木材の産出の段階で、森林の形がいったん失われ、そこから次の森林を育てていくこととなる。したがって、人工林の場合には、人の手入れがまったくなされず皆伐のままであったら、森林の受益は復活しないということになる。ただ、人の力のみで森林の受益が復活するかというとそうではない。お金をいくら積んでも、すぐには森林は復活しない。森林の受益の復活には、自然の時間の中で、その営みに従って適切に「手入れ」を行っていく必要がある。つまり、人工林の受益も、人の手入れのみではなく、人の力と自然の力との協働によって、確保されることとなる。

(3) 環境からの受益の性質

一般的に、手入れが必要な森林といわれているのは、植林をした後、間引きや枝打ちといった手入れが十分に行われずに、貧弱になっている人工林である。つまり、近年、森林の荒廃が問題となっているのは、必要なタイミングで必要な手入れが行われてこなかったためである。ポイントは、手入れの量が少ないということではなく、自然のサイクルの中で必要なタイミングで手入れをしてこなかったということなのだ。

森林とのつきあい方は、次のようなコンピュータ・ゲームになぞらえることができる。このゲームでは、プレイヤーは、コンピュータが指示するタイミングでボタンを押すことを求められる。ボタンが押されなければ、コンピュータが指示するタイミングの間隔が短くなっていき、最後にはゲームオーバーになる。ボタンが適切に押されれば、コンピュータの指示の間隔が広がっていく。そして、一定期間経過するごとにゲームの配当を得ることができる。

現在の森林荒廃の問題は、過去に「適切にボタンが押されなかったこと」(手入れされなかったこと) の帰結であり、「押さなければならないボタンの回

数」（必要な手入れの量）は，「ゲームの配当」（森林からの受益）の貨幣評価をすることではなく，「これまでボタンが適切に押されてきたかどうか」（これまでの手入れの状況）を振り返ってみることによって把握されなければならないということとなる。

また，「ボタンを押す効果」（手入れの効果）は，「ボタンを押す回数」（手入れの量）だけではなく，「ボタンを押すタイミング」（どのように手入れをするか）にも左右される。将来の森林の遷移の状況を十分に想定して，計画的に手入れされた森林は，ほとんど人手をかけることなく豊かな恵みをわれわれに与えてくれる森林に発達していく。たとえば，東京・明治神宮の境内林は，植生遷移の理論に基づいて計画された人工林だが，「全くの手間いらずで，剪定もしないし，肥料もやらない」（『日本の美林』）森林といわれている。

森林のみならず，「環境」から得られるさまざまな恵みは，同じような性質を持っている。「環境」は，人間の意志から独立して自律的に挙動する過程で，人間の経済に対して資源・エネルギーと生活の場を提供し，人間の経済からの不要物を吸収する役割を果たす。このような環境の恵みは，（枯渇性のものは別だが），人間が環境の自律的な調整機構（ホメオスタシス）を十分に認識し，適切なタイミングで適切な量の「手入れ」を行えば，継続的に得られる性質を持っている。

(4) 環境とつきあうための経済学

では，経済学が上記のような性質を持った「環境」を対象にする際に留意しなければならないことをまとめておこう。

端的にいうと，「環境」を対象とする場合には，その経済学は自己完結しなくなる。これまでの経済学は，財・サービスは労働によって生み出され，限界費用と限界便益が等しくなる点までその量を増やすのが最適であるという仮構に従って理論を組み立ててきた。「環境」を対象とする必要が生じた場合に，その受益を貨幣評価しようと考えるのは，これまでと同じ仮構の中で「環境」を処理しようとしたがためである。

しかし，先に見たように，この処理では，次の二つの情報を把握することができない。第一に，過去の「手入れ」の状況という歴史的な事実である。第二

に，将来を見越してどのような「手入れ」を行えば持続的に環境の恵みが得られるようになるかという自然科学的な知恵である。「環境」を対象とする場合，環境の状況に関する実物情報と，環境の挙動に関する自然科学的な知見を欠くことができないこととなる。

「手入れ」の効果が将来に及ぶということであれば，現在の「手入れ」によって将来にわたってどのような環境の恵みが期待できるのか（環境の恵みのフロー）を貨幣評価し，現在価値に割り引いて，「手入れ」に要する費用と比較をすればよいと考える人もいるだろう。この考え方は，今の森林の価値を貨幣評価するよりははるかに合理的である。

ただ，「環境」の恵みは，個人の寿命を超えて持続する性質を持っている。たとえば，天然林施業の中には300年程度の時間的視野で進めていくものがある。「手入れ」の効果が個人の寿命を超えて続くものについて，ある個人の通事的な資源配分の問題のように，将来価値を現在価値に割り引くという処理を適用することは適切ではない。この種の問題については，種の保存の本能に根ざした持続可能性の確保や，世代間の衡平という別の論理を適用することが必要となるだろう。この点でも，経済学は自己完結しなくなるのだ。

4. 経済の物質的側面に光を当てようとする経済学とその限界

経済学の歴史を振り返ると，新古典派経済学から異端視されながらも，経済の物質的側面に光を当てようとする経済学の流れが存在する。しかし，この流れは，環境政策科学を支えるうえで十分な成熟度が得られていない状況といえる。

(1) さまざまな先駆的な議論
① **宇宙船地球号論（Spaceship Earth）**

有限な地球の環境を宇宙船にたとえ，有限な環境においては経済のあり方が変わるのではないかと指摘したのが，ボールディングである。有名な「来るべき宇宙船地球号の経済学」と題された論文は1966年という極めて早い段階で公表されたものである[*118]。

この論文では，カウボーイ経済と宇宙飛行士経済の違いをつぎのように記述している。「将来の閉じられた地球は，過去の開かれた地球における経済原理とは幾分異なった経済原理を必要とするだろう。生き生きとした記述を行うために，過去の開かれた経済のことを「カウボーイ経済」と呼んでみたい。カウボーイは，果てのない平面の象徴であり，開放的な社会の特徴である，向こう見ずで，探検心旺盛で，ロマンチックで，乱暴な性質も持っているものである。同様に，将来の閉じられた経済のことは「宇宙飛行士経済」と呼べるだろう。この経済では，地球は一つの宇宙船となり，資源の供給源であれ汚染の受け皿であれ，無制限のものを溜めておく場所はない」[*119]。なお，「開かれた」，「閉じられた」という用語は，ベルタランフィーの一般システム理論からとられたものであり[*120]，外部との物質・エネルギーのやりとりがないシステムが閉じられたシステム（閉鎖システム）であり，物質・エネルギーのやりとりを行うシステムが開かれたシステム（開放システム）である。

　そして，カウボーイ経済と宇宙飛行士経済の違いを次のように分析する。「カウボーイ経済においては，消費は生産と同様に良いことと見なされ，経済が成功しているかどうかは，「生産要素」から得られるスループットの量によって測られる。(中略)国民総生産（GNP）は，このスループットの総量の大まかな指標である」[*121]。「対照的に，宇宙飛行士経済では，スループットは決して切実に必要とされるものではなく，最大にするというよりは最小にすべきものとして把握されるべきものである。経済の成功度を測る基本的なものさしは，生産や消費なんかではなく，その経済システムに含まれている人間の身体や心の状態を含む総資本ストックの内容，大きさ，質，そして複雑さである。宇宙飛行士経済では，最大の関心はストックの維持であり，少ないスループット（つまり少ない生産と消費）で与えられたストックを維持する結果を生むどんな技術的変化も明らかに良いことである」[*122]。

[*118] 宇宙船地球号（Spaceship Earth）という比喩は，同時期に建築家のバックミンスター・フラーによっても用いられている（Fuller（1969）参照）。
[*119] Boulding（1966）p.303。なお，spaceman economyを宇宙人経済と訳する例が見られるが，これは誤りだろう。
[*120] von Bertalanffy（1968）訳書36-38頁
[*121] Boulding前掲論文p.303

このような分析を示したうえで,ボールディングは,現代は,カウボーイ経済から宇宙飛行士経済へ至る大きな移行期にあるとした。

② マテリアル・バランス論（物質均衡論）

ニース＝アイエス＝ダージは,1970年の「経済と環境,物質均衡アプローチ」において,「不要物は,近代的な消費・生産活動の通常のまさに不可欠な一部分なのである」と主張し,従来の経済理論が不要物を単なる外部性の一因とみてきたことについて批判した。彼らによれば,「少なくとも,ある種の外部性,近代的な消費・生産活動に起因する不要物の処理に関連する外部性は,まったく違った見方がなされなければならない」のであって,「経済理論においてこれらの事実を認識することについての共通的な誤りは,生産・消費のプロセスを質量保存という物理学の基本法則にいくらか矛盾して把握する態度に起因するのではなかろうか」と指摘している[123]。そして,彼らは,すべての物的な投入物には物的な産出物があるとして均衡理論を再構築しようとした。

③ エントロピー論

ニースらは,質量保存の法則,あるいはエネルギー保存則と呼ばれる熱力学第一法則に着目したものであるが,ジョージェスク＝レーゲンは,これに加えて,熱力学第二法則であるエントロピー増大の法則にも着目した。

従来の経済理論に対する彼の不満も,従来の経済理論が物質的な側面を軽視していることにあった。彼は,「経済のプロセスと物質的な環境との間には継続的な相互関係があり,これが歴史を作ってきたのであるが,このような明白な事実が標準的な経済学者にとってはまったく重きをなさないのである」[124]と指摘している。このような認識にもとづき,彼は,熱力学の第二法則に則してみれば,「経済のプロセスは価値のある天然資源（低エントロピー）を不要物（高エントロピー）に変えるだけ」であることを解説し,「このような経済プロセスから生まれる真に経済的な産出物は不要物の物質的な流れではなく,生の享受という非物質的なほとばしりである」と考えた[125]。

そして,経済プロセスに低エントロピーを供給するものとして,地球の物質

---

[122] Boulding 前掲論文 p.304
[123] Kneese, A.V., Ayres, R.U., d'Arge, R.C.（1970）pp.4-5
[124] Georgescu-Roegen（1971）p.75
[125] Georgescu-Roegen 前掲論文, p.80

的なストックと太陽光線の流入という二つがあると指摘し，前者に依存するのではなく，量的に格段に多く，環境への負荷も少ない後者に転換を図っていくべきなどという政策提言を行った[126]。

④ 生命系の経済論

わが国の経済学者による議論としては，玉野井芳郎による「生命系の経済論」を挙げることができる。玉野井は「産業あるいは社会の根底には，人間と自然との物質代謝を繰り返される基礎的な領域，開放定常系の世界があり，その中に生態系のいとなみがある，(中略) そういう生きた系 (living system) を社会科学がこれからさきどうしても原理的に問題としなければならない，おそらくそういう方向へと広義の経済学は眼を向けざるをえないだろう」[127]と考えた。この「生きた系」は，後につぎのように定義される。「生命系＝生きている系 (living system) とは，生態系 (eco-system) を踏まえてそれ自身自立する主体的な系と定義することができるであろう」[128]。

物質均衡論もエントロピー論も人間経済に対峙する物理的環境の存在を認識するものであったが，生命系の経済論に至って，人間経済に対峙する環境の中には「生きている」系が存在するということを認識するようになったといえる。

⑤ 定常経済論 (steady-state economics)

デイリーは，希少な資源の効率的な配分が達成されても，存続の問題が解決されないことをボートの比喩を用いて示している。「ボートに乗せる荷物の重さを最大にすることを考えよう。荷物をボートの隅にまとめて載せたならば，ボートはすぐに沈んでしまうだろう。したがって，荷物を均等に載せることになる。このために価格メカニズムを導入することができる。すでに荷物が載せられている場所に，さらに荷物を載せる場合には，運搬料を高くするのである。(中略) この価格づけのルールは，荷物をどこに載せるかの配分メカニズムのみを与えるもので，最善の形で荷物が載せられたボートが，最善の荷物配分を保ちつつ，海の底に沈むまで，荷物を載せ続けることをやめさせるメカニズムは

---

[126] Georgescu-Roegen (1975) pp.98-105
[127] 玉野井芳郎 (1979) 18頁
[128] 玉野井芳郎 (1981) 152頁

何も与えないのである。このメカニズムに欠けているものは，絶対的な重量制限の認識であり，荷物の総重量があるレベルを超えたら，あるいはボートの喫水線があるレベルを超えたら，荷物の積載をやめるというルールの認識である」[129]。

このような認識からデイリーは，経済の適正規模の判断基準を環境の収容能力（carring capacity）に求め，環境の収容能力内の一定の大きさに経済活動を維持する経済－定常経済を構想した。彼は，定常経済とは，①一定量の人口，②一定量の人工物のストック，③これらの量は，良い生活を営むために十分であるとともに，将来にわたって持続可能であるレベルで維持されること，④これらの二種類のストックを維持するための物質・エネルギーのスループットは実行可能な中でもっとも低いレベルに抑えられることという四つの特徴によって定義されるものであるとした[130]。そして，この状況に移行するために，取引可能な出産の権利の割当て，取引可能な枯渇性資源使用の割当て，最大所得の制限を柱とした政策を採用すべきであると主張した[131]。

(2) 従来の議論の意義とその限界

交換価値のレベルで抽象化された生産と消費を取り扱う経済理論において，環境問題は，ある経済主体の意思決定の効果が市場による価格決定メカニズムを経由せずに他の経済主体に悪影響を及ぼし，このことについての補償支払いがなされない場合の典型例，つまり外部不経済の典型例として取り扱われてきた。ただし，外部不経済の一種として把握された環境問題は，隣の芝生は青く見えるといった類の心理的な相互依存関係と同じレベルで把握されてきたものであり，従来，物理的実体を伴った形で把握されてはこなかった（この点については，次章で見直すこととする）。

一方，前項で紹介した議論は，すべて経済の物理的実体に光を当てるものである。環境への影響の大きさは，交換価値の大きさとは無関係である。100カラットのダイヤモンドを燃やしても，環境への影響という観点からは微々たる

---

[129] Daly（1977）p.190
[130] Daly（1971）p.325
[131] Daly 前掲論文，pp.331-348

ものとなるにすぎない。本章第1節で考察したように,「環境問題」は経済活動と物理的生態学的実体を伴う「環境」との間の相互作用によって発生するものである。したがって,環境問題を取り扱おうとすれば,「交換価値を増加させる限りにおいて物質的財と非物質的な財の間で取扱いを変える必要はないという考え方」ではなく,生産と消費を物理的な実体を伴った形で把握するという考え方を採用することが不可欠である。前項で紹介した従来の議論はすべてこのような指向を持った議論としてグルーピングできるところである[132]。

　ただし,従来の議論は,その問題意識の明確さに比較して,政策立案への適用力が弱いという欠点を共通して持っている。

　たとえば,宇宙船地球号論では,カウボーイ経済と宇宙飛行士経済との違いと,前者から後者へ転換することの必然性については,説得力のある形で示されているものの,具体的にどのようなメカニズムで移行していくべきかという政策論は示されていない。

　マテリアル・バランス論は,不要物を発生させつつ生産・消費を行っている状況を記述することを通じて問題提起を行うことに成功したが,規範的な議論が欠落しており,政策論につながっていない。

　ジョージェスク゠レーゲンは,地下資源から太陽からの資源へに転換すべきという先に紹介した提言のほか,軍事生産の完全停止,途上国への援助,人口の減少,省エネ,過度のがらくたを病的に切望することをやめること,流行を取り除くこと,耐久消費財の耐久性と修理可能性を向上させることなどを提言している[133]が,これらはエントロピー論からの帰結として導かれるもの以外もかなり混入しているうえに,どのようにして実現すべきかが分からないものもあり,政策提言としては粗雑であろう。

　生命系の経済論も,コモンズの分野の重視,住民による自律・経済的自立・文化的独立などを内容とする地域主義,非市場の経済をも視野に入れた広義の経済学の構築といった一定の方向性は示されつつあるものの,未だ問題提起の段階であり,現在の経済システムをどのようにして変革していくべきかといっ

---

[132] これらの議論は,植田和弘,落合仁司,北畠佳房,寺西俊一(1991)では,物質代謝論アプローチに分類されている。

[133] Georgescu-Roegen (1975) pp.103-105

た具体的な政策提言にまで至っていない[*134]。

デイリーの定常経済論は，環境容量というある程度操作可能な判断基準を示しつつ，系の存続という新しい政策目標の必要性を指摘するとともに，理論の内容と整合性の保たれた具体的な政策提言を行っており，他の議論よりは一歩進んだ領域にあると評価できる。

しかし，取引可能な出産の権利の割当てにせよ，取引可能な枯渇性資源使用の割当てにせよ，彼の政策には，現実味が欠けている。出産や枯渇性資源の使用といったものに権利を設定するという考え方自体が大胆な発想の転換を必要とするうえに，政府を環境容量に照らして経済の規模を管理する主体として想定していることが説得的でない。

そもそも環境容量は社会に一つだけあるものではない。前章で検討したようにホメオスタシス機構を有する「環境系」のそれぞれに環境容量があるのであり，このような「環境系」が入れ子構造をなしているのがわれわれを取り巻く「環境」である。たとえば，生命系一つとっても，個々の生物の個体，生物の集団，生態系というように，ある環境の系がより上位の「環境系」を構成する一要素として機能するという構造になっている。したがって，社会全体に一つ与えられた環境容量を超えたとたんに，ボートが沈むように社会全体がカタストロフィーを迎えるというのは誤ったイメージである。また，ア・プリオリに環境系の管理主体が国家であると考えるのも間違っている。

[*134] 生命系の経済学に関する現況については，たとえば，多辺田政弘（1994）など参照。

第3章

「外部性」を再考する

　これまでの主流派の新古典派経済学において,環境問題が無視されてきたわけではない。環境問題は,新古典派経済学において,従来より,「外部性(externality)」概念を用いて分析されてきた[135]。つまり,環境問題は,異なる経済主体が市場を通じずに相互に依存する問題の一種として認識され,その「内部化」を図ることが環境問題に対する処方箋とされてきた。

1.「外部性」概念の系譜 [136]

(1) マーシャルの外部経済

　「外部経済(external economies)」という概念を初めて用いたのは,マーシャルである。マーシャルは,1890年の『経済学原理』において,ある種の財の生産規模の増大に由来して起こる経済を,産業の全般的発展に由来するものと個別企業の資源・組織・経営能率に由来するものの二つに区分し,前者を外部経済,後者を内部経済と呼んだのである[137]。産業の全般的発展に由来する経済としては,産業に寄与する技術や知識の開発,それらを伝達する手段としての電信・電話網の拡充,交通・輸送機関の発達等が例示されており[138],

---

[135] 新古典派的な環境問題へのアプローチに関するサーベイ論文として,Cropper and Oates (1992),代表的な教科書として,Baumol and Oates (1988),Pearce and Turner (1990)などを参照。
[136] 脚注に掲げる文献のほか,鈴木 (1974) 第1章,木村 (1979) 第6章,Bromley (1991) Chapter 4など参照。
[137] Marshall (1920) 邦訳第2巻248-249頁
[138] 前掲書 255, 258, 310-314頁

「外部経済のうち最も重要なものは，たがいに補完しあう産業部門の相関的な発達から起こるものである」としている[139]。

このように，マーシャルの外部経済の概念は，産業の発展についての動的な分析を行うための分析用具として提示されたものであり，マーシャルの段階においては環境問題との接点をとくに見いだすことができない[140]。

マーシャルの外部経済と内部経済の概念に，金銭的外部経済と技術的外部経済の区別を導入したのが，ヴァイナーである。Viner（1931）は，内部経済と外部経済のそれぞれについて，技術的（technological）なものと金銭的（pecuniary）なものを区別することができると指摘した。つまり，個別企業における産出量の増大によってもたらされる費用の低下であって，生産規模の拡大に伴う生産の技術係数（生産物1単位当たりに要する生産要素の大きさ）の改善によるものを技術的内部経済，生産要素の購入増加に伴う要素価格の低下によるものを金銭的内部経済と呼んだ。また，産業全体の生産拡大の結果としてもたらされる費用の低下であって，生産者間の情報交換などによる生産の技術係数の改善によるものを技術的外部経済，産業全体の財・サービスの購入増大による要素価格の低下によるものを金銭的外部経済と呼んだのである。

ヴァイナーの分析は明らかにマーシャルの議論の延長線上にあり，ここでも環境問題との接点を見いだすことはできない。

(2) ピグーの私的純限界生産物と社会的純限界生産物の乖離の概念

ピグーは，主著『厚生経済学』において，私的純限界生産物と社会的純限界生産物という二つの概念を導入し，マーシャルの外部経済についての分析を拡充した。ピグーは，「ある一定の用途もしくは場所における資源の限界的増加分に基づく物的な財貨あるいは客観的なサービス等の純生産物全体のうち，そこに資源を投じたことに責任を有する人に帰属する部分」を私的純限界生産物と呼び，「ある一定の用途もしくは場所における資源の限界的増加分によってもたらされる，物的な財貨または客観的なサービス等の純生産物全体」を社会

---

[139] 前掲書313頁
[140] ケインズは，マーシャルの内部経済と外部経済の区別は，収穫逓増の条件下での正しい均衡理論の構築にとって極めて重要であったと評価している。Keynes, J.M.（1925）p.43

的純限界生産物と呼んだ＊141。たとえば，ある企業が設備投資を行った場合に増加する生産物全体が社会的純限界生産物であり，そのうち当該企業に属する部分が私的純限界生産物となる。

ピグーは，資源の追加的な投入による効果が，資源を投じた人以外の第三者に及ぶ場合に，私的純限界生産物と社会的純限界生産物が乖離するとした。具体的には次の三つのケースを挙げた＊142。

ピグーが挙げている第一のケースは，耐久的生産用具の借用と所有の分離によって生ずるケースである。つまり，小作人が資源を投下して改良した土地が地主に返される場合など，耐久的生産用具の借用者による資源投下の効果が耐久的生産手段の所有者に及ぶ場合に，社会的純限界生産物が私的純限界生産物を上回るのである＊143。

ピグーの第二のケースは，AがBに有償の用役を提供する過程で，付随的に第三者Cに用役または損害を与え，しかもその用役または損害は当該第三者から支払われないあるいは補償されない種類のものである場合である。第三者に用役を与える場合としては，個人の庭園を整備することにより周囲の雰囲気が良くなる場合，道路や鉄道ができることにより地価が騰貴する場合，植林により気候が改善する場合などが挙げられており，第三者に損害を与える場合としては，住宅地域に工場を建てて周辺の快適さを損なう場合，近隣の日照を阻害する形で土地を使用する場合，道路面をすり減らす自動車を走行させる場合，アルコールを生産する場合（警官と刑務所の費用が増加）などが挙げられている。

第三のケースは，ある商品を生産するために追加的に資源を投下する者と同じ商品を生産するためにそれまでに資源を投下した者が異なる場合であって，当該商品の生産量の増大に伴う限界費用が逓減したり（外部経済），逓増したり（外部不経済）する場合である＊144。このケースは，マーシャルの外部経済

＊141　Pigou（1932）訳書第2分冊7-12頁
＊142　前掲書55-94頁，106-124頁
＊143　この問題は，小作人−地主問題(the tenant-landlord problem)と呼ばれるもので，エネルギー効率の良い建物に改良するための十分なインセンティブを借家人が持たないことなど，環境問題の解決を妨げる制度上の障壁の一つに数えられている。Jackson(1996) pp108-109.
＊144　枯渇性資源を利用する産業の累積生産量が増大するにつれて，当該資源価格が増大することは，ピグーの第三のケースのうち，外部不経済のケースに該当する。この現象はストック外部性と呼ばれる。

のケースと同じ場面を想定していると考えられる。

(3) 市場を通じない直接的依存関係としての外部性概念

さて，ピグーが挙げた三つのケースは，それぞれに環境問題に関係するものであるが，このうち，現在，環境問題の分析に用いられている外部性の概念の中核となったのが，第二のケースである。ピグーの第二のケースは，市場を通じずに経済主体が直接に依存しあうケースとして理解することができるが，このような意味での外部性に光を当て，その後の理論的定式化作業のきっかけを作ったのが，Meade（1952）である。

ミードは，この論文で，外部経済を「生産の不払い要素（unpaid factor of production）」と「生産環境の創出（creation of atmosphere）」に区分し，厳格に定式化することを試みた。このとき，ある企業の生産活動が他の産業に無償で生産要素を与えることとなる場合を「生産の不払い要素（unpaid factor of production）」の場合と呼び，果樹園から蜂蜜を無償で調達している養蜂家と果樹園の関係がこれに該当するとした。一方，ある企業の生産活動が他の産業の生産の技術係数を改善することとなる場合を「生産環境の創出（creation of atmosphere）」の場合と呼び，林業経営者の植林により気候が改善され農業経営者の生産に好影響を及ぼす場合がこれに該当するとした。両者の違いは，外部性がその受け手の間で排除的に消費される性質のものか否かにある。

前述のように，ヴァイナーによって，技術的外部効果と金銭的外部効果の区分が導入されたが，シトフスキーは，Scitovsky（1954）において，静学的な一般均衡分析の枠組みでは，金銭的外部効果は市場を通じて調整される結果であり市場の失敗といえるものではないことを明らかにした。そして，市場を通じずに行われる経済主体間の直接的依存関係として，ア）家計から家計へ（例：隣の奥さんが良い服を着ているのがくやしい），イ）企業から家計へ（例：隣の工場の音がうるさい），ウ）家計から企業へ（例：個人の発明がただで使えてよかった），エ）企業から企業へ（例：隣の果樹園の蜂蜜をただでもらえた）という四つの類型を示し，これらの技術的・心理的外部効果の存在は市場の失敗といえるとした。

このような外部性の把握は，現在の環境経済学の教科書における外部性の扱

いの基礎となっている。たとえば，Baumol and Oates（1988, pp17,18）は，外部性が存在する二つの条件として，1）ある主体の効用関数または生産関数が実物変数（つまり非貨幣価値の変数）を含んでおり，その変数の値がその主体の厚生への影響に特別な注意を払わずに他の主体（個人，企業，政府）によって決定されること，2）他の主体の効用のレベルに影響し，また他の主体の生産関数に算入される活動を決定する者［第一条件における実物変数の値を決定する者］が，その決定により他の主体にもたらされる便益（または費用）の価値に等しい補償額を受ける（または支払う）ことがないことの二つを挙げている。また，Pearce and Turner（1990, p61, p62, p67）は，外部費用が存在する二つの条件として，1）ある経済主体の活動が他の経済主体の厚生の損失を招くこと，2）その厚生の損失は補償されないことの二つを挙げている。

(4) 当事者間の交渉を念頭に置いた外部性概念

一方，コースの古典的な論文（Coase（1960））の影響を受けた研究者は，当事者間の交渉の可能性を念頭に置きながら，外部性の考え方をさらに精緻化していった。

その概念の整理に寄与したのが，Buchanan and Stubblebine（1962）である。ブキャナンとスタブルバインは，この論文において，限界外部性（marginal externality）と限界下外部性（inframarginal externality）の区分，潜在的に関連する外部性（potentially relevant externality）と潜在的に関連しない外部性（potentially irrelevant externality）の区分，パレート的に関連する外部性（Pareto-relevant externality）とパレート的に関連しない外部性（Pareto-irrelevant externality）の区分という三種類の外部性の区分を導入した。

まず，他の経済主体の支配下にある行動の追加的な1単位がある経済主体の効用を変化させる場合に限界外部性が存在するといい，ある経済主体の効用が他の経済主体の支配下にある行動の追加的な変化によっては変化しないものの，その存在によって変化する場合（たとえば，Aが設置する塀がBの景観を阻害するが，塀の高さをさらに高くしてもBの効用は変化しない場合）に限界下外部性が存在するとした。また，外部性の影響を受ける経済主体の側で外部性を発生させる経済主体の行動を修正させる動機を持つ場合，この外部性を潜

在的に関連する外部性と呼び，このような動機を持たない場合，この外部性を潜在的に関連しない外部性と呼んだ。さらに，外部性を発生させる経済主体の厚生を悪化させないで外部性の影響を受ける経済主体の厚生を増大させることができるならば，この外部性をパレート的に関連する外部性と呼び，そうでないならば，パレート的に関連しない外部性と呼んだ。

　この区分によれば，パレート的に関連する外部性は当事者間の交渉によって解消されることとなるため，パレート効率を満たす点において存在する外部性は，たとえ潜在的に関連する外部性であっても，すべてパレート的に関連しない外部性として区分されることとなる。そして，この外部性の存在は，パレート効率性が達成されている以上，市場の失敗とはいえないこととなる。

　なぜ，潜在的に関連する外部性であって，かつ，パレート的に関連しない外部性が存在するかという点については，取引費用の存在を指摘する者が現れるようになった[*145]。つまり，当事者間の取引に要する費用が当該取引から得られる利益を上回る場合には，経済主体間の直接的依存関係が存在したとしても当事者間の取引が行われない。このことは，市場が合理的に反応した結果であり，市場の失敗とはいえないとするのである[*146]。

(5) 市場介入派 (Pigovian) vs 自由放任派 (Coasean)

　Vatn and Bromley (1997) が指摘するように，外部性の存在に対する政策的な対応に関して，経済学者は，市場介入派 (Pigovian) と自由放任派 (Coasean) の二陣営に分かれているのが現状である。

　市場介入派は，Pigou (1920) における政策提言（ピグー税・補助金）に端を発する陣営であり，市場を通じない直接的依存関係としての「外部性」を内部化するために，政府は，税・課徴金，補助金，排出権取引などの政策をどのように実施すべきかという議論を行っている。環境経済学には，さまざまな「流派」が混在している[*147]が，おおむねこのアプローチが，今日の環境経済

[*145] たとえば，Dahlman (1979) は，取引費用が外部性の唯一の原因であるとしている。
[*146] Vatn and Bromley (1997) p.135 は，取引費用の形態と大きさは当該市場制度のあり方によって規定されるので，取引費用が大きいために市場が成立しないという文言は，循環論法を含んでいると指摘している。

学が公害現象や各種の環境破壊の問題に取り組む場合の主流的なアプローチとなっているものと考えられる。

一方，自由放任派は，当事者間の取引の可能性を念頭に置いて外部性を認識し，政府の役割を極めて限定されたものとして捉えている。自由放任派の環境問題へのアプローチの典型例は，自由市場環境主義（Free Market Environmentalism）に見ることができる。アンダーソンとリールは，「自由市場環境主義の核心は，自然資源に対して十分に特定された所有権を付与するシステムである。所有権が，個人，企業，非営利の環境団体または消費者団体のいずれが所有しようとも，もし，誤った判断を下した場合には，その判断にかかる所有権の所有者の富が減るおそれがあるので，個々の資源の使用者は一定の規律をもってその資源を使用することとなる。（中略）自由市場環境主義は，所有権の履行に関する政府の重要な役割を強調する」[*148]，「自由市場環境主義は，同意に至った所有者間による所有権の自発的な取引に依存しており，協力と妥協を促進するものである」[*149]と述べ，政府の役割を所有権の付与に限定している。このような主張は，自由放任派に属する理論家の理論的作業を背景とするものである[*150]。

(6) 小 括

以上みてきたように，極めて動学的に経済活動の発展の過程を捉えようとし

[*147] 植田他（1991）は，環境経済学について，物質代謝論アプローチ，環境資源論アプローチ，外部不経済論アプローチ，社会的費用論アプローチ，経済体制論アプローチの五つのアプローチがあり，外部不経済論アプローチが主流的なアプローチをなしていると指摘している。

[*148] Anderson and Leal（1991）p.3

[*149] 前掲書 p.8

[*150] たとえば，Maskin（1994）は，政府が，取引の当事者が行った契約に対するフリーライダーを防止する役割さえ果たすことができれば，市場を通じて効率的な資源配分が達成できることを主張している。このとき Maskin が，政府に求めているのは，正の外部効果を及ぼす経済主体が当該外部効果を享受する者から外部効果に応じた料金を徴収する旨の契約が締結された場合に，契約の対象となっていない経済主体であって当該外部効果を享受するものがもれなく料金を支払うように介入することである。法の履行権限を背景として政府に付与された情報及び組織的優位性を背景として政府がフリーライダーを防止することが可能であると仮定していると見られるが，このような政策が可能なケースにあっては，外部性の問題ははじめから生じないのではなかろうか。

たマーシャルの外部経済の考え方は，ピグー，ミード，シトフスキーらによって，徐々に静学的な分析に引き移されることとなり，市場を通じずに経済主体が直接に依存しあうことにより生ずる市場の欠陥を分析するための概念としての外部性の考え方に純化されていった。

環境問題は，外部不経済の一種として捉えられていた。外部不経済に属する事例としては，たとえば，シトフスキーが挙げていたように，「隣の奥さんの服がうらやましい」といった心理的な依存関係の存在も挙げることができるが，このようなものの一種として環境問題が把握されているのである。

このように概念された外部性を経済モデルに取り込む際には，生産関数あるいは効用関数の変数の一つを外部性に起因するものとすることとなる。たとえば，10の電力会社と100人の電力消費者からなるモデルでは，電力会社の発電量（y）が増加するにつれて大気汚染物質（e）が排出され，大気汚染物質の総量（z）が，消費者の効用関数（u）と電力会社の生産関数（f）において，マイナスの効果をもたらす変数となる。

$$z = q(e_1 + e_2 + \cdots + e_9 + e_{10}) \qquad q_e > 0$$
$$U_i = u_i(x_i, h_i, z) \quad u_x > 0, \ u_h < 0, \ u_z < 0 \quad (i=1,..,100)$$
$$y_j = f_j(r_j, e_j, z) \quad f_r > 0, \ f_e > 0, \ f_z < 0 \quad (j=1,..,10)$$

このように，従来，外部性を定式化する際には，ある主体の実物変数を他の主体が決定するという構成を採用することが一般的であった[*151]。このような定式化においては，外部性の原因の発生（この場合大気汚染物質の排出）と外部性による生産や効用の減少との間には時間的・空間的なずれはない（あるいは表現されない）こととなる。

また，環境経済学の教科書においては，通常，図3-1に示すような図が掲げられ，1単位の汚染量を追加的に削減することによる便益（対策による限界便益）と1単位の汚染量を追加的に削減することによる費用（対策による限界費用）が等しくなる汚染量（E）が最適汚染水準であるという議論が一般的に行

[*151] ほとんどの外部性に関わる文献は同様の定式化を行っている。Baumol and Oates（1988）のほかには，Perman, Ma and McGilvray（1996）p.97, Cropper and Oates（1992）p.678など。

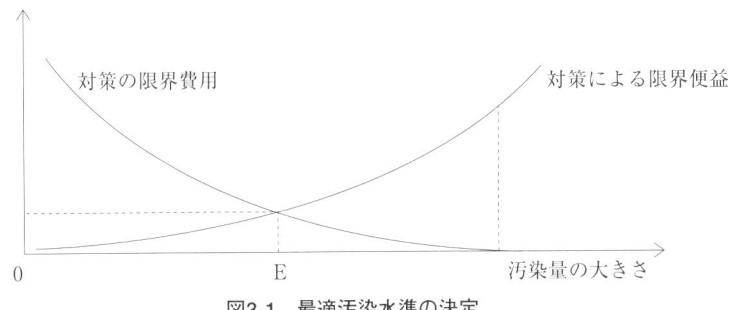

図3-1　最適汚染水準の決定

われている[*152]。

　このような議論が成立するのも，汚染物質の排出者と汚染物質の排出によって影響を受ける者が同じ時空で向かい合っていることが暗黙のうちに前提とされているからであり，汚染の排出（あるいは対策の実施）による限界便益（汚染者の効用）の減少（あるいは増加）と，汚染の排出（あるいは対策の実施）との時間的・空間的なずれは考慮されていない。

2. 物理的環境に即した「外部性」の分類

　経済学においてよく例示される環境問題としては，たとえば，工場の煤煙がクリーニング屋に与える影響，工場の振動が歯医者に与える影響，工場からの汚水が漁業に与える影響，などを挙げることができる。

　しかし，実際の環境問題の内容は極めて多岐にわたっている。たとえば，水質汚濁，大気汚染，土壌汚染，悪臭，騒音，振動，地盤沈下といった公害問題，景観の保全，生物多様性の保全，身近な自然の保全，野生生物の保護といった自然環境に関わる問題，地球の温暖化，海洋汚染，熱帯林の破壊，オゾン層の破壊，砂漠化，酸性雨，有害廃棄物の越境移動といった地球環境に関わる問題，廃棄物の量の増大に伴う処分場の枯渇，資源の枯渇といったストックに関わる問題，残留性化学物質，放射性廃棄物といった長期にわたる質的な問題という

＊152　たとえば，Pearce and Turner（1990）pp.62-64, Tietenberg（1992）pp.64-67など。

ように，内容的に多様なものの総体が環境問題と呼ばれているのである。

特に，現実の世界では，外部性の原因となる行動が行われてから，他の行動主体への影響が発生するまでの間に，時間的・空間的なずれが発生しない場合と，ずれが発生する場合の双方がある。

① **直接物理的外部性**

前者のケースは，同じ期間内に，ある行動主体の行動による物理的影響が直接に他の行動主体に伝達されることとなる。このように物理的影響が直接に伝えられる場合を「直接物理的外部性」(direct physical externality) と呼ぼう。

たとえば，次のような問題が直接物理的外部性に該当する。

- 騒音
- 振動
- 悪臭
- 日照阻害
- 直接的大気汚染（隣の工場の煙でクリーニング屋の洗濯物が汚れるなど）
- 直接的水質汚濁（川に劇物を流したため魚が死滅するなど）

このとき，従来の経済学において環境問題の典型例として考えられてきた事象は，おおむね直接物理的外部性に該当する問題であったことに留意したい。たとえば，ピグーは，鉄道の機関車からの火の粉が周囲の森に被害を与える場合などを例示した[153]。ミードは，果樹園と養蜂業者の依存関係を例示した[154]。コースの古典的な論文では，牧場主の飼い牛が牧場に隣接した土地で育てられている穀物に被害を与えるケースが例示されている[155]。ブキャナンとスタブルバインは，隣接するAとBの土地の間にBが塀を立てAの視界を遮る事例を掲げている[156]。さらに，パン屋の振動で歯医者の営業が阻害される事例，工場の大気汚染でクリーニング屋の営業が阻害される事例などもよく用いられる。このことは，従来の経済学が，外部性の原因となる行動を行う者と外部性

---

[153] Pigou（1932）訳書第2分冊135頁
[154] Meade（1952）p.187
[155] Coase（1960）pp.2-3
[156] Buchanan and Stubblebine（1962）p.205

の影響を受ける者が同じ時空で向かい合っていることを暗黙のうちに前提として議論をすすめてきた証左である。

② **間接物理的外部性**

一方，ある行動主体の行動による物理的影響が，「環境系」の自律的な反応を経てから，他の行動主体に伝えられる場合には，同じ期間内に伝達される保証はない。このように物理的影響が「環境系」の自律的反応を経由して伝達される場合を「間接物理的外部性」（indirect physical externality）と呼ぼう。

例えば，次のような問題が間接物理的外部性に該当する。

・間接的な大気汚染（光化学スモッグ，酸性雨など）

・間接的な水質汚濁（生物濃縮を通じた汚染，富栄養化など）

・地下水・土壌汚染

・地球規模の環境問題（地球の温暖化，オゾン層の破壊など）

・生態系の改変を経由する問題

間接的な大気汚染のうち，光化学スモッグとは，工場や自動車から排出される窒素酸化物や炭化水素を主体とする一次汚染物質が太陽光線の照射を受けて光化学反応を起こし，二次的に生成する光化学オキシダントによって，粘膜への刺激や呼吸器・農作物への影響を引き起こすことである。東京湾岸地域で発生した一次汚染物質が移流する過程で北関東などにおいて高濃度の光化学オキシダントを発生させるなど，広域的な反応を経由して被害をもたらすことが多い[157]。また，酸性雨とは，硫黄酸化物や窒素酸化物などの大気汚染物質が変化した硫酸塩や硝酸塩を含んでいると考えられる強酸性の雨のことであり，湖沼・土壌の酸性化による生態系への影響，歴史的建造物や文化財への影響が生ずる。硫黄酸化物や窒素酸化物の発生源から数千キロメートルも離れた場所で発生する場合もあり，早くから国際的な環境問題として認識されてきた[158]。

また，間接的な水質汚濁のうち，生物濃縮とは，放射性同位元素や，有機水銀，PCB，カドミウムなど蓄積性のある化学物質が生物の体内で高濃度に濃縮

---

[157] 光化学スモッグの発生のメカニズム等は，御代川（1997）101-103頁など参照。また，光化学オキシダントの移流の状況は，三澤他（1993）112-119頁に詳しい。

[158] 酸性雨の発生のメカニズム等は，御代川前掲書104-115頁，三澤他前掲書158-179頁など参照。また，1972年にストックホルムで国連人間環境会議が開催されたが，酸性雨問題は開催国スウェーデンの主要関心事の一つであった。

される現象をいう。食物連鎖の過程で，自然の状態の数万倍の濃度にまで達し，健康被害を発生させる場合がある。たとえば，水俣病は，工場から排出された無機水銀がヘドロに生息するメタン生成菌によって有機水銀に変換され，有機水銀が生態濃縮されて健康被害を発生させたケースである[159]。また，富栄養化とは，リンや窒素などの栄養塩類が湖沼や海洋に過剰に流入することを指し，人為的にこれらの栄養塩類が大量に流入することによって，水生植物やプランクトンなどが異常に発生し水質が悪化することが問題視されている。これらは生物の生息に必要な酸素を奪い，魚介類などに被害を発生させる[160]。

さらに，地球の温暖化とは，赤外線による地表面からの熱放射を吸収する温室効果ガス（二酸化炭素，メタン，亜酸化窒素，対流圏オゾン，クロロフルオロカーボン（CFC）など）の大気中濃度の上昇により，地球の平均気温が過去に例のない早さで上昇するという問題である。急激な気候変動による生態系の崩壊，水資源供給などの既存の社会資本の不適合，海面の上昇に伴う難民の発生，災害の増加など，広範な悪影響が予測されている。また，オゾン層の破壊とは，CFCをはじめとするフッ素化合物などの人工化学物質が成層圏のオゾン層を破壊することによって，地表に届く有害な紫外線が増加し，白内障，皮膚ガンなどの健康被害や農作物への影響を引き起こす問題である[161]。

③ ストック外部性

以上の二つは，ある行動主体から別の行動主体へ物理的影響が実際に伝えられる場合であるが，ある行動主体の行動に伴う物理的影響が発生した結果に関する情報が情報伝達手段を通じて他の行動主体の心理的環境に伝えられる場合も想定できる。「環境系」のストックの状態が変化することによって生ずる外部性であるので，この問題を「ストック外部性」（stock externality）と呼ぶことにする。

ストック外部性に該当するものとしては，次のような問題を挙げることができる。

---

[159] Whitaker（1975）訳書280-294頁，Spiro and Stigliani（1980）訳書182-186頁，御代川前掲書176-177頁など参照。
[160] Whitaker前掲書訳書300-309頁，Spiro and Stigliani前掲書訳書125-130頁など参照。
[161] 参考文献は多いが，とりあえず，環境庁「地球温暖化問題研究会」編（1990），環境庁「オゾン層保護検討会」編（1989）を挙げておく。

・利用価値の認められる「環境系」の損傷・破壊（非更新性資源の減少・枯渇，更新性資源の過剰利用・絶滅，廃棄物処分場の減少・枯渇など）
・存在価値の認められる「環境系」の損傷・破壊（野生生物の種の絶滅，地域的・民族的・宗教的価値の高い自然物の破壊など）

このうち，前者は，ある行動主体の行動に伴う物質・エネルギーの利用によって，他の行動主体の物質・エネルギーの利用可能性を減少させる場合と言い換えることもできる[*162]。非更新性か更新性かの区別は，時間的な視野の置き方によって変化しうるが，非更新性資源としては化石燃料，鉱物資源などが，更新性資源の例としては林産・水産資源，淡水資源などが該当する。野生生物や熱帯林も利用対象としてみた場合は更新性資源となる。廃棄物処分場は，廃棄物の処分に適した物理的空間を占有し，廃棄物処分に適さない物理的空間に変えるという観点から，「環境系」の利用価値の「損傷・破壊」に該当するものである。

また，後者は，存在しているだけで価値が認められる「環境系」を破壊する場合である。パンダやペンギンなどの保護が必要な理由の大部分は，それらに存在価値があることに求められよう。

④ **精神的外部性**

これまでの三つの場合は，物理的影響が実際に生じていることから，総称して「物理的外部性」（physical externality）と呼べるものであるが，物理的影響が生ずる前に，情報伝達手段によって行動主体の行動の計画に係る情報が伝達されることによって，情報の受け手の心理的環境において問題が認識されるという場合も想定できる。たとえば，マンションの建築計画に対して，日照阻害の被害を受ける可能性のある住民が反対運動を起こす場合などがこれに該当する。この場合，物理的影響はまだ発生していない。このように，物理的影響が発生していない段階で情報伝達手段を通じて他の行動主体の心理的環境に問題が伝えられる場合を，物理的外部性と区別する意味で「精神的外部性」

[*162] ストック（資源の残存量等）が少なくなるにつれて生産費用（採掘費等）が上昇する効果を「ストック効果」と呼ぶ（Randall（1987）pp.298-299，時政（1993）47頁）が，これはここでいうストック外部性に含まれる。なお，柴田＝柴田（1988）92-94頁は，Randallらの意味でのストック効果のことを「ストック外部性」と呼んでいるが，本稿の「ストック外部性」は費用上昇に限らず広い意味を持つことに留意されたい。

```
┌─ 物理的外部性…物理的影響が生ずることによって外部性が発生する
│  ┌─ 直接物理的外部性…ある主体から他の主体に直接に物理的影響が伝えられる
│  ├─ 間接物理的外部性…「環境系」の自律的反応を経由して物理的影響が伝えられる
│  └─ ストック外部性……物理的影響によるストックの変化に係る情報が伝わる
│                      ことにより外部性が伝達される
└─ 精神的外部性…物理的影響が生ずる前に情報が伝わることにより外部性が発生する
```

図3-2　外部性の諸分類

(mental externality) と呼ぼう。

⑤　完全予知不可能の前提

ただし，すべての行動主体が，あらゆる「環境系」の挙動について完全に予知することが可能であり，すべての行動主体が情報を共有している（情報の遅れがない）ことを仮定すれば，すべての問題は精神的外部性の問題として認識されてしまう。つまり，ある行動を行うことに伴う「環境系」のすべての反応が，事前に，当該行動を行う者と当該行動の影響を受ける者の双方によって認識されている状況となるので，具体的な行動に移る前に問題が認識されることとなるのである。そして，このときには，外部性の原因となる者（行動予定者）と外部性の影響を受ける者とは同じ時空で対峙することとなる。

しかし，このような完全予知と情報の共有の仮定を置くことは，現実的でないばかりか，環境問題を解決する困難さの大部分が単にこの仮定を置くことによって払拭されてしまうこととなり，環境問題の解決策を分析するための理論モデルとしては適切ではない[163]。このため，「環境系」の挙動を行動主体が完全に予知することが不可能であること，情報は瞬時に全行動主体に行き渡るものではないことという二つの前提を置く必要があろう。

以上の諸概念を整理すれば，図3-2のとおりである。

---

[163] 市場均衡が存在するかどうかという関心のもとで理論モデルを構築する場合と，環境問題をどのように解決すべきかという関心のもとで理論モデルを構築する場合とでは，自ずとモデルの内容は異なるはずである。各経済主体が「神」ならば環境問題は当事者間の交渉で解決できるはずだという処方箋は，何ら役に立たないだろう。往々にしてこの処方箋の前提部分（「各経済主体が「神」ならば」）が隠されて，結論部分のみ語られることがあるが，これは有害ですらある。

3. 外部性の原因の発生と外部性の実現との間の時間的空間的ずれ

　ある行動主体によって外部性の原因となる行動が行われてから，他の行動主体によって外部性が認識されるまでの間に，時間的空間的なずれが発生しうる。
① 時間的ずれが発生する原因
　まず，外部性の原因の発生と外部性の実現との間に時間的ずれが生ずる原因は，次の三種類がある。これらは，複合する場合もある。
　第一に，「環境系」のパフォーマンスが低いため，与えられた物理的影響を期間内に処理することができず，「環境系」に「繰り越された入力」としてストックされる場合である。蓄積型の問題ということができよう。たとえば，難分解性の化学物質による汚染，放射性物質による汚染などが該当する。また，有機水銀が生体濃縮され被害をもたらしたように，特定の「環境系」のパフォーマンスが低く，当該「環境系」に汚染が集積されて被害をもたらすという場合もこのケースに該当する。
　第二に，「環境系」間での反応の連鎖が長いため，原因となる行動が行われてから行動主体に対する影響が発現するまでに時間がかかる場合である。広域型の問題ということができよう。たとえば，酸性降下物の問題は国境を越えて運ばれてきた汚染物質が自然環境や文化遺産を破壊するという問題であり，「環境系」の物理的化学的反応の長大な連鎖を経て，他の行動主体への影響が生ずるものである。
　第三に，過去に行われた行動や過去の「環境系」の状態に関する情報が，時間的なずれをもって伝えられることによって問題が生ずる場合である。情報の遅れの問題といえる。たとえば，過去の事業活動に伴う土壌汚染が発見された場合や，環境ホルモンの場合に見られるように，新たな科学的知見によって従来は問題視されてこなかった化学物質が問題視されるようになる場合などが該当する。
　以上の三つは間接物理的外部性またはストック外部性の場合に生じうるものであり，直接物理的外部性または精神的外部性の場合には生じない。

② 空間的ずれが発生する原因

また，空間的なずれも生ずる。空間的ずれが生ずる原因には，次の二種類がある。

第一に，「環境系」間の反応の連鎖の結果，原因となる行動が行われる場所と，影響を受ける行動主体の場所がずれる場合である。前述の広域型の問題では，通常，時間的なずれのみならず，空間的なずれも生ずる。また，蓄積型の問題についても，時間を経過する間にストックとしての「繰り越された入力」が広域的に移動する場合もある＊164。これらは，物理的連鎖による空間的ずれの発生といえる。

第二に，情報伝達手段により，遠く離れた場所に存在する「環境系」が損傷を受けたあるいは受けそうであるという情報が伝達され，遠く離れた場所の行動主体の心理的環境に影響する場合である。たとえば，パンダを殺傷することに反対する人は中国のみならず世界にいるはずであり，このような人に「パンダ殺傷」のニュースが伝えられることは，具体的なパンダ殺傷行為が行われる場所と，その影響を受ける行動主体の場所のずれを発生させることとなる。これは，情報の伝達による空間的ずれの発生といえる。

空間的ずれは，時間的ずれと違って，すべての種類の外部性において想定できる。

③ 時間的ずれがもたらすもの

外部性の原因と外部性の実現との間に時間的ずれが生ずる場合には，外部性の原因となる行動を行ってはならない旨の義務あるいは外部性を受けないことに関わる権利を事前に定めることは困難であり，事後的な対応を検討せざるをえない。このことは，次のような問題点を生む。

第一に，この時間的ずれは，外部性の原因となる行動が社会的に広がることを許容し，事後的な権利・義務の再設定を困難にする余地を与える。つまり，事後的に新たな権利・義務が定められるまでは，外部性の原因となる行動を抑制し，阻害する仕組みが設けられないため，誰もが外部性の原因となる行動を行うことができる。仮に，外部性の原因となる行動が社会的に広がってしまっ

＊164　南極のペンギンからPCBが検出されるような場合である。

た場合，当該行動を行ってはならない旨の規範を新たに設けることは困難となる。

たとえば，わが国の公害訴訟においては，金銭的な損害賠償請求が認められたとしても，（道路の供用中止などの）差止請求は認められない場合が多い。このことについて，幾代＝徳本（1993）は，「いわゆる公害とよばれる現象が，かなりの期間の経過のうちに徐々に顕在化してくるものであり，顕在化したときには加害者側にも恒久的な物的設備を伴ったかなり広範で複雑な人的・物的な生活態勢ないしは生活利益が事実上作り上げられてしまっているのを通例とすることに由来するように思われる」としたうえで，「既成事実たる生活利益に打撃を与えることと，差止請求を認めないことによって被害者側の生活利益に対する侵害状態を継続させることとの間の利益衡量」をも前提として，「金銭賠償のための基準よりは差止のための基準のほうが一般には若干高いと考えるのが多数説」としている＊165。

このように，外部性の原因となる行動を行うことが「制度化」し，それを前提として社会生活が営まれることとなればなるほど，事後的な対応が困難になる。

第二に，時間的なずれは，外部性が実現されたときには，外部性の原因となった行動を行った者がもはや存在しないというケースを生み出す。たとえば，地球の温暖化の場合のように，次世代以降の人間が被害を被るという場合である。このような場合には，当事者間の交渉による事後的な補償という対応策も意味をなさないこととなる。

④ 空間的ずれがもたらすもの

また，外部性の原因となる行動が行われる場所（以下「外部性の原因の場」という。）と外部性の影響を受ける主体が存在する場所（以下「外部性の実現の場」という。）との間に空間的ずれが生ずる場合には，次のような問題点が生ずるおそれがある＊166。

第一に，外部性に関わる権利・義務を定める公的主体の管轄範囲から，外部

＊165 幾代＝徳本（1993）317-319頁
＊166 政府単位の範囲と外部性の広がりとの関連について考察している例としては，Tullock（1970）訳書72-74頁，Helm and Pearce（1990）p.157などがある。

性の原因の場あるいは外部性の実現の場のどちらかが外れる場合が想定される。この場合，当該公的主体は当該外部性に関わる権利・義務を適切に定めることができない。たとえば，外部性の原因の場のみが当該公的主体の管轄範囲に含まれる場合は，当該公的主体はこの外部性を内部化するインセンティブを持たない。一方，外部性の実現の場のみが当該公的主体の管轄範囲に含まれる場合には，当該公的主体はこの外部性を内部化する手段を持たない。

第二に，外部性の原因の場と外部性の実現の場の双方が，外部性に関わる権利・義務を定めるある公的主体の管轄範囲に含まれていても，当該公的主体の管轄範囲の広がりが外部性の原因の場と外部性の実現の場の広がりに比べて著しく大きい場合が想定される。この場合，当該公的主体はこの外部性を内部化しようとする充分なインセンティブを持たない可能性がある。

第三に，外部性に関わる権利・義務を定める公的主体が存在しない範囲にわたって，外部性の原因の場と実現の場が広がる場合がある。この場合，用いることのできる政策手段は限定される。つまり，世界政府が存在しない以上，地球規模の問題について，全世界に共通な課税措置を用いて対応することはかなり困難である。

4. 歴史的な傾向と「外部性」

時代が経るにつれて，時々の課題となってきた環境問題の内容は変化してきた。とくに，前項でみた時間的空間的ずれが大きい環境問題が未解決の課題として残されている状況にある。

例えば，大気汚染の問題についてみれば，当初は，工場からの硫黄酸化物による汚染が問題とされていた[167]。しかし，硫黄酸化物による汚染は，昭和40年代における度重なる規制の強化により大幅に改善され，環境基準をほぼ満たす状況となっている。一方，窒素酸化物による汚染は，改善の兆しが見られていない。この一因には，窒素酸化物が工場等の固定発生源のみならず，自動車等の移動発生源からも排出されるものであることが挙げられる[168]。さらに，

---

[167] 宮本（1970）では，「わが国の大気汚染の歴史は亜硫酸ガスによる汚染の歴史である」と述べられている。

広域的に移流する光化学オキシダントは，環境基準をほとんど満たしていない。

また，水質汚濁についてみれば，重金属，有機溶剤などについて定められている「人の健康の保護に関する環境基準」（健康項目）については，昭和40年代の規制に伴い，ほぼ環境基準を満たすに至っている。一方，窒素やリンなどによる富栄養化に関して定められている「生活環境の保全に関する環境基準」（生活環境項目）については，改善の兆しが見られない。健康項目に関連する汚染物質は主に工場・事業場から排出されるが，生活環境項目に関連する汚染物質は家庭からも排出され，あるいは農地や都市漂流水など面的排出源からも排出されることが，対策を困難にしている原因である。

このように大気汚染，水質汚濁ともに，工場などの固定発生源が中核的な汚染源であった問題は，過去の規制強化の努力により解決に向かっているが，自動車・家庭なども原因となるいわゆる「都市・生活型公害」は未だ解決に向かっていないといえる。

さらに，近年の地球環境問題の顕在化や，廃棄物処分場の確保の問題の深刻化は，化石燃料の燃焼やごみの排出といった通常の事業活動・家庭生活に不可避的に伴う行為が集積して引き起こされる問題であり，その対策の検討は途についたばかりである。また，時間的視野を長くとって考えれば，化石燃料は長くとも数百年のオーダーで枯渇することが予想されているが，人類はそれに代わるエネルギー源を未だ手にしていない。この問題も未解決の問題である。

このような経緯を振り返れば，工場のばい煙が洗濯物を汚すといった直接物理的外部性が主たる問題として残されている状況ではない。蓄積・集積・移流など環境系が複雑に反応して問題を引き起こす間接物理的外部性や化石燃料の枯渇等のストック外部性が問題となっているのであり，これらをいかに「内部化」するのか，そのための政策はなにかが，今，問われているのである。

＊168　固定発生源対策は効果を挙げている。昭和56年から窒素酸化物の総量規制が東京都特別区等の3地域で導入されたが，その結果，総量規制地域における昭和60年度の固定発生源からの窒素酸化物排出量は，昭和52年度の6割以下にまで低減した（環境庁（1995）224-225頁参照）。

5. 外部性プロセスの考え方

前節では、さまざまな形の環境問題をより現実に近い形で把握し分類することによって、「外部性」に関する従来の理論は、外部性の原因が発生する時空と外部性が実現する時空とが同じであることを暗黙のうちに前提としていたこと（あるいはこれらが異なる場合があることを表現できない枠組みを用いていたこと）、外部性の原因と外部性の実現との間に時間的空間的ずれが生ずる場合があり、その場合に各種の政策的な問題点が生ずること、これらの時間的空間的ずれが大きい問題が課題として残されてきていることを記述した。

多様な環境問題を解決するための政策を検討するためには、まず、対応すべき環境問題において、外部性がだれからだれにどのようにして伝えられるのかを把握することが有用である。

そこで、本節では、「外部性がだれからだれにどのようにして伝えられるのか」を「外部性プロセス（externality process）」と呼び、その把握のための分析用具を検討することとしよう。

(1) 外部性プロセスを測る座標軸の設定

外部性プロセスの中で、政策手段の選択を左右する要因としては、まず、外部性の原因と外部性の実現との間の時間的・空間的ずれを挙げることができる。また、外部性の原因となる行動が社会的に広がれば広がるほど、政策的対応が難しくなるという問題も指摘された。原因と実現の間の時間的ずれが生じても、原因となる行動が社会的広がりを獲得するかどうかは分からないため、この要因は、時間的ずれの要因からは独立して把握することができよう。

したがって、外部性プロセスは、以下に掲げる「時間軸」「空間軸」および「社会軸」の三つの軸で把握することが適当であろう。

① **時間軸**

まず、時間軸とは、外部性の原因となる行動が最初に行われてから外部性が最初に実現するまでにどれだけ時間が経過するかを見る軸である（図3-2）。各種の時間的ずれのうち、情報の遅れの問題については、事前に情報がどの程度

遅れるのかを把握することはできない（把握できた段階で「情報の遅れ」ではなくなる）。しかし，蓄積性の問題や広域性の問題については，自然科学的知見の充実によって，外部性の発生までにどの程度の時間が経過する見込みがある程度把握できよう。

ここで，時間軸を三つに分割することとしよう。この際，マーシャルの「短期」「長期」「超長期」の時間区分を援用する。

マーシャルは，個々の経営組織にとって手持ちの資本設備や組織形態を変更する余裕のない期間を「短期」とし，個々の経営組織がその資本設備や組織形態を変更する余裕のある期間を「長期」とした[*169]。また，「超長期」とは，生産や消費に関する社会的な条件や考え方の変化が起こる余裕のある期間を意味するものであった[*170]。

そこで，ここでは，時間軸が，経済学で呼ぶ「短期」に収まる場合を「短期（組織条件固定）問題」と呼び，「長期」に収まる場合を「長期（組織条件流動）問題」と呼び，「超長期」にわたる場合を「超長期（社会条件流動）問題」と呼ぶこととする[*171]。

② 空間軸

つぎに，空間軸とは，外部性の原因となる行動がなされた場所（外部性の原因の場）と外部性の影響を受ける主体が存在する場所（外部性の実現の場）の双方を管轄する最小の規範設定主体はなにかを見る軸である。

ここでも判断の便宜上，空間軸を三つに分割することとする。

第一に，外部性の原因の場と外部性の実現の場が同じコミュニティー内に存在する場合である。これを「生活圏内の問題」と呼ぼう。騒音・振動などが典型例である。

第二に，外部性の原因の場と外部性の実現の場が同じ国家に存在する場合である。これを「国家圏内の問題」と呼ぼう。内海の汚染問題，光化学スモッグ

[*169] Marshall（1920）訳書第3分冊71-72頁
[*170] 同上書第3分冊74頁
[*171] この分類は，具体的対策を講ずるまでの時間的余裕を表すものではない。「長期（組織条件流動）問題」あるいは「超長期（社会条件流動）問題」に分類されることは，対策の内容に幅が生ずるという意味を持つものの，対策を先き延ばしにしてもよいという意味はなんらもっていない。

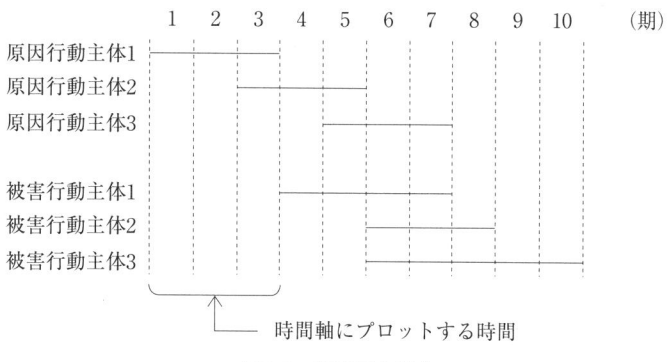

```
                    1  2  3  4  5  6  7  8  9  10   (期)
    原因行動主体1  ├──┼──┤
    原因行動主体2        ├──┼──┼──┤
    原因行動主体3              ├──┼──┼──┤

    被害行動主体1        ├──┼──┼──┼──┼──┤
    被害行動主体2              ├──┼──┼──┼──┤
    被害行動主体3  ├──┼──┼──┼──┤     ├──┼──┤
                        ↑
                   時間軸にプロットする時間
```

図3-2　時間軸の概念

問題などが典型例である。

　第三に，外部性の原因の場と外部性の実現の場が複数の国家にまたがる場合である。これを「超国家圏の問題」と呼ぼう。酸性降下物問題，地球温暖化問題などが典型例である。

　ただし，以上の分割は，問題意識に応じて変化させて考えることが適切である。たとえば，地方公共団体の中でどのように役割を分担するかというような問題意識であれば，市町村圏や都道府県圏を明示的に扱うことが必要となろう。

③　社会軸

　最後に，社会軸とは，外部性の原因となる行動を行う行動主体が，どの程度社会的に広がっているかを見る軸である。

　社会軸についても，便宜上，三つに分割して考えることが有用である。

　第一に，ある経営組織または個人の特定の行動が原因となる場合である。「特定の行為」というのは，原因となる行動が，類似の経済活動を行う経営組織または個人には通常見られない行為であったという意味である。このカテゴリーを「特定行為の問題」と呼ぼう。

　第二に，原因となる行動が，類似の経済活動を行う経営組織または個人に共通して見られる場合である。たとえば，1990年に改正されたアメリカの大気浄化法では，とくに，火力発電を行う電気事業者の硫黄酸化物の排出量が大きいとみて，排出権市場取引の導入に際し，まず，電気事業者による排出を対象とした。この場合，「火力発電」という特定の様式に属する活動を行う者が共

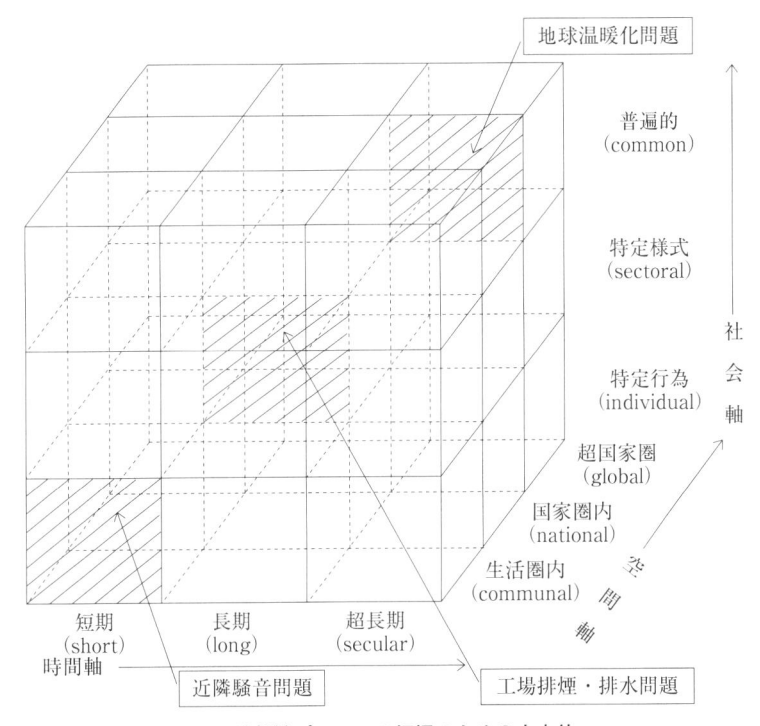

図3-3 外部性プロセスの把握のための立方体

通して、硫黄酸化物の排出という、酸性雨の原因となる行動を行っていることとなる。このカテゴリーを「特定様式の問題」と呼ぼう。

第三に、原因となる行動が、特定の生産・消費様式を超えて、広範に見られる場合である。たとえば、化石燃料を燃焼させるという行為によって、地球温暖化の原因となる二酸化炭素が発生するが、これは、生産・消費活動の内容如何にかかわらず行われる。廃棄物を発生させるという行動も同様である。このカテゴリーを「普遍的問題」と呼ぼう。

④ 外部性プロセスの把握のための立方体

さて、以上で検討した三つの軸を構成すると、図3-3のような立方体ができあがる。三つの軸をそれぞれ三つに分割しているので、この立方体は合計27の部屋に分割されることとなる。ちなみに、近隣騒音問題、工場排煙・排水問

題，地球温暖化問題の立方体上のおおまかな位置は図3-3に示すとおりである。

(2) 外部性プロセスと環境政策手段の選択

つぎに，外部性プロセスの各軸上の位置が，環境政策手段の選択にどのように影響するかを概観することとしよう。

① 時間軸と政策選択

まず，時間軸は，政策形成の枠組みに必要な時間的広がりを規定する。

時間軸の区分の意味するところは，「短期」の問題の場合，生産設備などの組織条件が固定された時間視野で問題を回避させることが必要である一方，「長期」の問題の場合，生産設備などの組織条件が流動的な時間視野で，「超長期」の問題の場合，技術や嗜好などの社会条件が流動的な時間視野で，それぞれ政策を立案することができるということである。

このとき，「短期」の問題の場合，当該行為を回避・禁止することが対策となるが，「長期」の問題の場合，利用可能な最良の技術や管理手法を普及させることが対策に含まれ，「超長期」の問題の場合，技術開発の促進，社会的なインフラストラクチャーの改良，社会制度の改良，環境教育・倫理の普及などが対策に含まれることとなる。

このように，時間軸上の位置が大きいほど政策的な視野を広げることが可能となるが，この際になにを「費用」と概念すべきかが変化することに留意したい。

たとえば，「短期」の場合の費用の概念と「長期」の場合の費用の概念が異なることは，マーシャルが指摘するとおりである。「長期」の場合は，新技術の普及などによって費用曲線が右下がりとなる。したがって，「長期」の問題について，現在の技術のもとでの費用や過去の実績を用いて費用を算出することは誤っている。

また，「超長期」の問題では，今後構築されるべき社会制度やインフラストラクチャーをどのようにデザインするかといったレベルでの対策が必要とされる。企業にとって，公害防止設備を設けることは費用として把握されるだろうが，環境配慮商品の生産拡大を図ることは投資として把握されるだろう。これと同様に，環境に配慮した社会に向けて基盤整備を行うことは社会的な投資で

あり，この投資額をすべて費用として認識することは誤りとなる。

② 空間軸と政策選択

つぎに，空間軸は，政策形成の枠組みに必要な空間的広がりを規定する。

空間軸の広がりと政策主体の管轄域にずれが生ずる場合には，解決のための十分なインセンティブが政策主体に生まれないおそれがある。このため，空間軸の広がりに応じた適切な政策主体に当該問題の解決のための権限を与える必要がある。

たとえば，近隣騒音のような問題については，たとえばアパートの管理規則によって対応することが適切であろう。一方，地球温暖化のような問題については，条約や議定書の締結，国際機関の活用など，国家を超えた枠組みによって対応することが求められる。

③ 社会軸と政策選択

さらに，社会軸は，外部性の内部化のために用いることのできる法的規範あるいは行政行為の種類を規定する。

たとえば，特定行為の問題であれば，当該行為が不法行為であるとして当該行為を行った者に対して民事責任を求めることも可能となろう。また，反社会的行為として刑事責任を課することもできるかもしれない。

一方，社会軸上の位置の大きな問題については，刑事責任・民事責任を求めることや，行為の禁止や許認可といった行政主体による直接規制を講ずることが次第に困難となる。

たとえば，特定様式の問題の解決に当たっては，単純な禁止策を講ずることは困難であり，外部性の内部化に関わる法的規範の設定に当たっては，当該問題に関連していた産業部門や生活様式が内部化に伴いどのように変化すべきかを併せて検討する必要がある。

また，普遍的問題については，刑事責任や民事責任が成立する余地はほとんどないうえ，行為の禁止や許認可といった行政主体による直接規制についても社会的に受け入れられるとは思われない。このため，このような問題については，経済的なインセンティブの設定，情報の流通の促進などの政策を講ずることによって，各行動主体の判断を適正なものとするための政策が主体とならざるをえない[*172]。

6. 外部性の分類に応じたポリシー・ミックスの必要性

Baumol and Oates (1988) は，外部性の分類は重要な課題ではないとして，次のように述べている[173]。

「外部性はある意味では簡単な概念であるが，つかみどころのない概念でもある。われわれは，それをどのようにわれわれの分析に用いるかを理解しており，また，それから導かれる多くの事実に気づいている。しかし，外部性を定義しようとする多くの試みにもかかわらず，われわれは未だ外部性の分類のすべてを把握していないのではないかという感じがする。たぶん，外部性を分類しようとすることはそれほど重要ではないのではないか。外部性をいかに分類するかという問題は，外部性を分析するわれわれの能力を著しく限定するようには見えない。だから，その分類には多くの労力を費やす価値はないのではないか。」

しかし，以上にみてきたように，環境政策手法の選択に当たっては，解決しようとする環境問題の外部性の種類および外部性プロセスの内容を把握することが極めて重要であり，これらの内容の違いに応じて異なる種類の環境政策手法が採用されてしかるべきである。

環境問題を単なる外部性の問題として取り扱う従来の理論では，このようなポリシーミックスを導くことができなかった。環境問題の解決に寄与することを念頭において理論的分析を行おうとする際には，個々の環境問題の特徴が反映できる枠組みを持つことが必要なのである。

---

[172] 外部性の及ぶ範囲と規模に応じて規制の形態が変わるという議論は，植草 (1997) 439-440頁にも見られる。
[173] Baumol and Oates (1988) p.14

第4章

「ムダ」を再考する

1. ムダの存在する経済社会

(1) 物質のムダ

　環境白書に掲載されている日本の物質収支によれば、日本は、2000年の1年間におおよそ21.3億トンの資源（総物質投入量）を使って経済活動を営んでいるとされている[174]。そのうち、リサイクルされている資源（再生利用量）は、全体の10.8％である2.3億トンにすぎない。また、投入されたものの中で、環境中に出されるものは、全体の43.7％を占める9.3億トンである。この中には、食料として消費され人間の排泄物などになる部分、エネルギーとして消費され大気中への不要物などになる部分、リサイクルされない廃棄物、散布・揮発する資源が含まれる。残りの部分は、人工物として蓄積されたり、輸出されたりする部分である。このように、日本では、投入された資源の1割しかリサイクルせず、その半分弱を環境中に放出しているということができる。

　2000年の物質収支を、1990年と比較すると、1990年では、資源の年間投入量は20.4億トンで、このときのリサイクル量は1.8億トンであった[175]。1990年代の10年間で、日本ではリサイクルに関する施策がかなり進展し、リサイクル量で0.5億トン増加した。しかし、資源の年間投入量はそれを上回る0.9億トン増加しており、大量廃棄、大量リサイクルの方向で推移したことが分かる。

---

[174] 環境省総合環境政策局環境計画課（2002）図1-1-5参照。
[175] 1990年のデータは、環境庁編（1992）による。

(2) エネルギーのムダ

日本におけるエネルギー消費の流れを，平田賢教授が試算したところによれば，一次エネルギー投入のうち，発電用のエネルギーが，1975年から1992年にかけて，27.5％から40％に増加し，それに伴い，発電の段階での損失が，17.5％から25％に増加している[176]。つまり，1992年には，日本に投入されるエネルギーの4分の1が送電ロスなどで失われていたということになる。

発電，運輸，民生，産業で発生する損失分を足しあわせると，1992年の段階で，一次エネルギー投入の実に66％が有効に使われていない部分となっている。つまり，日本は投入したエネルギーの3分の1しか有効に利用していないのである。また，損失分が全体に占める割合を1975年と比較すると，3ポイント増加しており，1992年の方が1975年よりもエネルギーを浪費していることがわかる。

(3) 問題意識

以上のように，今の経済社会は，投入した資源・エネルギーを使い切らずに捨てている。地球温暖化，ごみの量の増大など，資源・エネルギーの消費量の増大に密接に関連する環境問題も顕在化するようになってきた。このため，資源エネルギーのムダの部分をできる限り有効に活用して，不要物となる部分をできる限り減らすことが現在の社会の大きな課題となっている。

このような現状認識に立てば，生産と消費の理論において，不要物が出ることが通常の状態であることを認識することが必要である。生産の場面で，廃棄物や廃熱を出さない工場はない。また，消費者も，廃棄物を出さないで，消費生活を営むことができない。

「ごみ（waste）」が出されるということは，投入された資源の中で不要となる部分があるということにほかならない。つまり，このことは，投入された資源・エネルギーを100％使うことができないと仮定することと同じである。このことを明示的に取り扱うことができる理論的フレームワークを構築することが必要である。

---

[176] 環境庁編（1994）図序-2-12参照。

2. ライベンシュタインのX効率とムダ

(1) X効率の概念

　これまでの経済学の枠組みでは，投入された資源・エネルギーは当然のごとくすべて使い切るものだという暗黙の前提があった。その中で，異彩を放つ概念がライベンシュタインの「X効率」という概念である。

　ライベンシュタインによると，「ミクロ経済学は，他の種類の効率性を考慮せずに，資源配分上の効率性に焦点を当てているが，実際には，他の種類の効率性の方がいろいろな観点で資源配分上の効率性よりももっと重要である」[177]とし，これをX効率性と呼んだ。彼は，実証分析にもとづき，独占や関税障壁などに伴う資源配分の非効率性は，しばしば，国民総生産の1000分の1程度にすぎないが，X非効率性はもっと大きく，プラントのレイアウトの変更，原材料管理や廃棄物管理の見直し，労働方法の見直し，結果主義の支払いの導入などの生産過程の見直しによって，しばしば25％以上のコスト削減が可能であると主張した[178]。

　そして，ライベンシュタインは，X非効率は主に労働者の動機づけが不十分であることに起因すると考えた。彼は，実際の企業では，労働契約が不完全であって，労働者が，仕事の内容（activity），ペース（pace），質（quality），所要時間（time pattern）を選択できる余地があると指摘した。そして，労働者は，企業の生産量が最大になるようにこの選択（頭文字をとってAPQTの束と呼ばれた）を行うわけではないため，もしも労働者がその労力を最大限に発揮した場合よりも，生産量が下がってしまうとした。また，労働者がこの選択を行い，それに慣れてしまうと，別の選択を行うのがおっくうになることも，非効率の原因であるとした。

　このように，X効率性の考え方は，生産要素を同じ量だけ投入しても，企業によって産出量が異なることがあることを説明するものであり，企業が，常に，技術的生産可能性曲線の上で生産を行っていると考える新古典派経済学のミク

---

[177] Leivenstein（1966）p.392
[178] Leivenstein（1966）p.399

ロ経済理論に対するアンチテーゼとなるものであった。

(2) スティグラーの反論

X効率性の考え方については，さまざまな論者から批判があったが，その中でも，スティグラーによるもの[179]が，もっとも洗練された形での批判であるとされている[180]。

スティグラーは，労働者が労働内容についての選択の余地を持っている際に，どの程度の労働を提供するかについては，労働者によって自身の効用が最大になるように意思決定されると考えた。そして，労働者が労力を100％発揮しないのは，労働者の効用というアウトプットを最大化したための結果であり，どこにも非効率は生まれていないと指摘したのである。

そして，生産要素を同じ量だけ投入した場合に，企業によって産出量が異なるのは，それぞれの企業が持つ技術（組織内の動機づけシステムを含む）に応じて，生産曲線の形状が異なるためであり，なんらかの非効率が生まれているからではないと考えたのである。

このように考える背景として，彼は，「ほぼ全世界共通の近代経済理論の伝統は，与えられた生産要素の投入から最大限可能な生産量を生み出すこと（これが生産曲線となる）を仮定することであり，また，利潤または効用最大化の簡単な系として，個別の企業は生産可能性フロンティアの上で操業することを仮定することである」と説明している[181]。

このような経済理論においては，ムダ（waste）という概念は排斥される。スティグラーの主張はつぎのとおりである。「事前の計画が誤りのある予測にもとづくものであるから，事後的にムダ（waste）が発生しうる。この種のムダは，その規模をコントロールすることはできるが，避けられないものである。また，ムダは，当該経済主体が最大化行動をとっていない場合には，不確実性がなくとも発生しうる。最大化行動にもとづかない理論は，わけの分からない世界への方法論的に大きな跳躍を求めるものであり，もしその準備ができてい

---

[179] Stigler（1976）
[180] Franz（1992）p.436
[181] Stigler（1976）p.214

ないとしたならば，ムダは経済学的には有用な概念ではない。ムダは近代経済分析のフレームワークの中の錯誤（エラー）であり，われわれは錯誤の理論を持つまでは，ムダは有用な概念とはならないのである」[182]。

このスティグラーの批判に対して，ライベンシュタインは，X非効率の考え方は，最大化行動にもとづかないものであることを明確にして，つぎのように反論した。「最大化理論は100年以上続いたのだから，ここらへんで最大化行動にもとづかない理論を考える時期ではないだろうか」[183]。

(3) X効率の評価

フランツは，X効率の概念をめぐる論争を振り返って，これまでなされた実証分析は，ライベンシュタインの考え方を裏づけるものであり，このことを否定する論者はいないとしている[184]。そして，「X効率の研究は，市場と組織の力が資源利用とその改善に与える影響をよりよく把握することに関して貢献し続ける」と述べている[185]。このように，X非効率の概念は，さまざまな資源利用上のムダが存在しつつ経済活動が営まれている現実世界の状況を指し示すものとして有用であったと評価できる。また，ライベンシュタインが引用した実証分析の中には，資源管理の適正化に伴う効率の改善などの事例も含まれており，この意味では，X効率の概念に環境効率の概念が部分的に包含されるということもいえよう。

ただし，ライベンシュタインが，利潤最大化・効用最大化という近代経済理論の基本的な仮定から離れ，X効率を個人による非最大化行動に由来するものとして位置づけたために，その考え方は，近代経済理論の本流に受け入れられないものとなった。最大化行動をしていないからX非効率が発生し，最大化行動をすれば非効率は発生しないというのは，ある意味至極当たり前の話であり，既存の生産・消費の理論を見直す力にはなりえないのである[186]。

---

[182] Stigler（1976）p.216
[183] Leivenstein（1978a）p.210
[184] Franz（1992）p.434。また，秋岡（1992）は，わが国での実証分析にもとづき，「フロンティア費用関数の存在を前提とすれば，各企業はフロンティア上で生産をおこなっていない」としている。なお，X非効率の測定方法については，小平（1995）119-116頁参照。
[185] Franz（1992）p.437

本節の冒頭でみたように，現実の世界では，不要物が多く発生し，投入される資源エネルギーの多くの部分が使われずに捨てている。このような状況にかんがみると，とくに，今の経済学においては，生産関数や効用関数において「不要物」(waste) を明示的に取り扱い，どのような条件であればその発生が少なくなるのかを分析することが，求められているのではなかろうか。その際，ライベンシュタインが行ったように，はなから利潤最大化や効用最大化の仮定を採用しないのは適切ではなかろう。「不要物」を明示的に扱わなかった場合との比較検討ができるように，まず，最大化行動の仮定を維持したまま経済モデルを作成し，その分析から得られた結果を現実社会に即して解釈する際に，その仮定が当てはまらないケースを考察することが妥当ではないだろうか。

3. ムダを表現する既存の経済モデルの概観と評価

最大化行動を仮定しつつ，不要物 (waste) を取り扱うためには，いくつかの方法が考えられるところである。

(1) 生産関数の形状で表現する方法

まず，先に述べたスティグラーの考え方に沿って，投入された資源・エネルギーを100％使えないことを，生産の理論の中で強いて表現しようとすれば，図4-1のように生産曲線の形状を変えて表すことになろう。たとえば，図4-1では，左の企業は右の企業に比べて，同じ生産要素投入量でも多くの生産物を産出することができるので，ムダの少ない企業ということができる。ただし，通常の生産理論では，生産曲線の形状は技術的な要因を反映してあらかじめ与えられており，企業の意思決定にかかわらず，固定されてしまっている。このために，企業がムダをなくすための工夫を行うことなどは，表現できないことになる。

しかし，現実には，こまめに電気を消すことや冷暖房の管理を適切に行うこ

＊186　塩田 (1982) 165頁は，「X効率概念は，経済システムに潜む誤謬，失敗などという非合理的要因の存在を示唆するものであり，またそれゆえ，かかる概念は既存の理論に受容され難い」と指摘している。

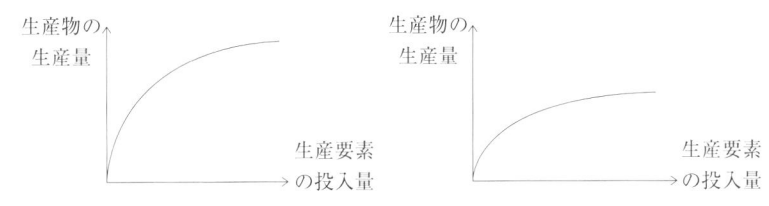

図4-1　生産曲線の形状を変えてムダ（非効率）を表現する方法

とに象徴されるように，さまざまな場面で工夫を行うことによって，ムダを減らすことができる。ムダの量は，技術的な要因によって与えられるもののではなく，環境に関するさまざまな取り組みによって減らすことができる。したがって，ムダが発生する程度を生産曲線の形状によって表現し，それを固定的に考えることは，現実を反映しておらず適切ではなかろう。

(2)「ごみ」を生産物の一形態と考える方法

では，ムダが発生する程度を固定的に考えるのではなく，企業の意思決定に応じて「ごみ」の量が変わることをどのように表現したらよいのだろうか。このような表現方法の一つに，「ごみ」を生産物の一形態と考える方法がある。

① 過剰供給によって発生するバッズという考え方

細田衛士（1999）は，バッズを過剰供給によって発生するものとしている。細田は，グッズとバッズを次のように定義する。「グッズとは通常の市場取引で正の価格がつけられ，生産や消費のために用いられる物質のことである。ある個人にとってどんなに不要であっても，誰かがお金を支払って購入する用意のあるものはグッズである。(中略) 一方，どんなに有用であってもそれにプラスの価格をつけて購入しようとするものがなく，しかもそれを処理せずに廃棄すると外部不経済を及ぼすものはバッズと定義される」[187]。そうして，「グッズとバッズは決してモノの性質のみによって決まるのでない。むしろ，経済における需給バランスの中で決まる相対的なものなのである」[188]と主張する。

細田に従って，バッズの発生状況を説明すれば，図4-2のとおりである。あ

＊187　細田（1999）5頁
＊188　細田（1999）13頁

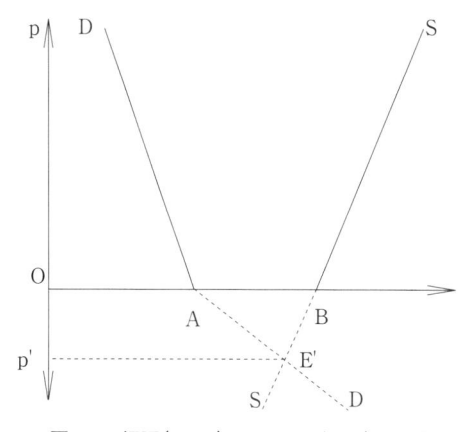

図4-2 細田(1999)におけるバッズの説明
(出典)細田(1999) p9図1-2

る財の市場への供給量がその需要量を大幅に超過し，価格をゼロにしても一定量（図4-2ではOA）しか使われない場合であって，売れ残った部分（AB）をお金をはらって処分してもらわなければならないときに，その部分（AB）がバッズとなる。

図4-2において，DD曲線が点Aで屈折しているのは，価格がマイナスになった瞬間，バッズの処理プロセスが稼動するためと説明されている[189]。つまり，Aを超える量を引き受けるためには，バッズの限界処理費用に見合った処理料金を徴収しなければならないのである。この限界処理費用曲線は，グッズに対する限界支払い意思額として示される需要曲線とは異なる曲線となるため，DD曲線は屈折するのである。

では，図4-2において，価格が負の領域にまで生産曲線（SS）がそのまま延長されているのはなぜだろうか。利潤最大化を行う企業において，生産曲線は，生産のための限界費用をプロットすることによって得られる。価格が負であるのにもかかわらず生産が行われるためには，その生産に当たって，生産のための限界費用が負である必要がある。つまり，利潤を最大化する企業は，生産す

---
[189] 細田（1999）9頁

ればするほど（正確にいえば，生産要素を投入すればするほど）収入が得られる状況になっていないと，生産物価格が負の領域においては生産しないのである。このような状況が起こる可能性としては，つぎのような場合がある。第一に，当該生産要素を引き受けることに対して，他の経済主体が「料金」を支払ってくれる場合である。この状況はあまり想定しにくいが，当該生産要素自体がバッズである場合や政府から補助金収入が得られる場合が該当するだろう。第二に，グッズとバッズが結合生産物として組み合わさって生み出される場合である。この場合，バッズの処理費用支払いを上回る収入がグッズから得られることが見込まれるならば，バッズが生み出されるだろう。第三に，生産物価格に関する見通しがはずれた場合である。正の価格がつけられることを見越して生産したが，予想に反して需要がなかった場合には，結果的にバッズが生み出されることとなる。これは，スティグラーも指摘していたものであり，錯誤がある場合のバッズといえる。

ただし，細田の図では，生産物の種類は一種類であるように見える。細田自身が，「量が小さければ薬（グッズ）になるが，多すぎると毒（バッズ）になるのである」[190]と述べているように，細田のグラフでは，一つの種類の生産物が市場の状況によってグッズになったりバッズになったりする状況が描かれているのである。つまり，結合生産物の場合は想定されていない。また，生産関数が当初から負の領域に食い込んでいるために，錯誤の場合にも見えない。したがって，細田の図で，価格が負の領域で生産が行われるためには，限界生産費用が負になっていないといけないこととなる。このような状況は前述したとおり，きわめて希な状況ではなかろうか。細田は，自らの理論は，余った財を自由にただで処分することができないと考える点が，従来の新古典派経済学との相違点であると認識している[191]。ただ，なぜ財が余るのかについての説明が十分ではないのではなかろうか。

② **効用・生産量を低下させる財・生産要素としてのバッズ**

赤尾（1997）は，グッズとバッズを次のように定義している。「財には家計の効用を向上させるものもあれば低下させるものもある。向上させるものは

---

[190] 細田（1999）23頁
[191] 細田（1999）18頁

goodsと呼ばれ，低下させるものはbadsと呼ばれる。同様に企業の生産物（goods）の生産量を増加させる生産要素はgoodsであり，減少させる生産要素はbadsである。このような概念の区別も，場所，時点，そして主体によって異なる」[*192]。

この場合においても，なぜ，効用を低下させる財・生産要素を当該消費者や生産者は引き受けなければならないのかのかが分からない。生産者や消費者が利潤や効用を最大化する行動を採用している限り，このような財や生産要素の存在は許されなくなるのではなかろうか。

③ 副産物として廃棄物を認識する方法

廃棄物を結合生産物として把握する方法があると先に述べたところであるが，このようなものとして，Conrad（1999）を挙げることができる。

彼のモデルは，生産部門に着目した部分均衡モデルである（図4-3）。まず，労働と粗物的投入を投入して生産物が生産される。しかし，粗物的投入に廃棄物割合aをかけた量だけ粗廃棄物が排出されると考え，粗物的投入から粗廃棄物を引いた値を純物的投入とする。したがって，生産関数は，労働と純物的投入と，生産物との関係として定義される。また，廃棄物削減努力をeとし，純物的投入は，粗物的投入に廃棄物削減努力を投入して「生み出される」と考える。このとき，廃棄物削減努力を行えば，労働と物的投入の生産性が引き下げられるとする。

また，粗廃棄物のうち，リサイクルされる割合をβとすると，βが1に近づくほどリサイクル費用が大きくなることとなる。さらに，リサイクルされた廃棄物のうち，一部が再生資源として生産に使われるとしている。なお，再生資源を作り出すためにも労働が必要とされる。

(3) 生産物の一属性として廃棄物量を認識する方法

廃棄物の発生を組み入れた生産と消費の経済モデルを採用した論文の中には，生産物の属性の一つとして廃棄物に関連するものを追加し，その削減のために生産あるいは家計の段階での努力が必要であるとする方法も見られる。こ

[*192] 赤尾（1997）171頁

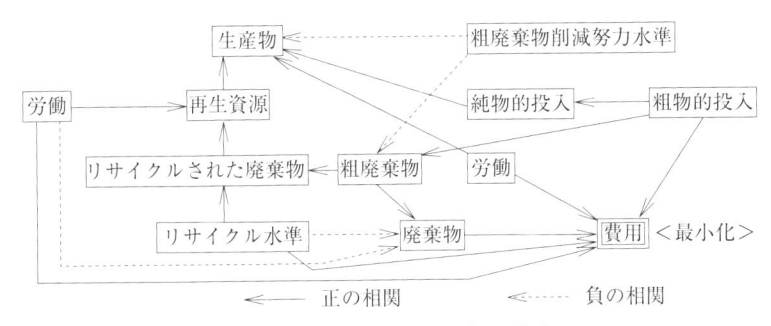

図4-3 Conrad(1999)モデルの構造

のような論文としては，Fullerton=Wu（1998），Choe=Fraser（1999），Eichner=Pethig（2001）が挙げられる。

① **Fullerton=Wu（1998）**

Fullerton=Wuのモデルでは，生産物は，量，リサイクル可能性，包装率の三つの属性を有している。リサイクル可能性とは，消費された後にリサイクルできる部分が重量比でどれだけあるかを示している。また，包装率とは，生産物の包装部分の重量比であり，Fullerton=Wuでは，生産物自体のリサイクルに焦点を当てるために包装部分はリサイクルできないと仮定している。

家計からは，廃棄物と再生資源のいずれかの排出物があり，家計で消費される生産物の属性に応じて，廃棄物量と再生資源量が変化することとされている[193]。家計の効用は，生産物量が大きいほど，余暇が大きいほど，そして，廃棄物の総量（廃棄物量に家計の数をかけたもの）が小さいほど大きくなる。

生産物量は，資源（労働），再生資源，リサイクル可能性，包装率の関数となる。生産資源，再生資源の投入が増えるほど，生産物量は増加する。一方，リサイクル可能性を高めようとすると生産物量は減少する。また，包装率は，ある率に至るまでは生産物の保護効果が機能し生産物量を増加させるが，ある率を超えると過剰に資源を利用することとなり生産物量を減少させることとなる。さらに，廃棄物の処理には，資源（労働）を要する。

これらを相関図に示すと，図4-4のようになる。Fullerton=Wuでは，このよ

---

[193] 量と包装率が増えるほど，廃棄物量は増加する。リサイクル可能性が大きくなるほど，廃棄物量は減少する。量とリサイクル可能性が大きくなるほど，再生資源量は増加する。

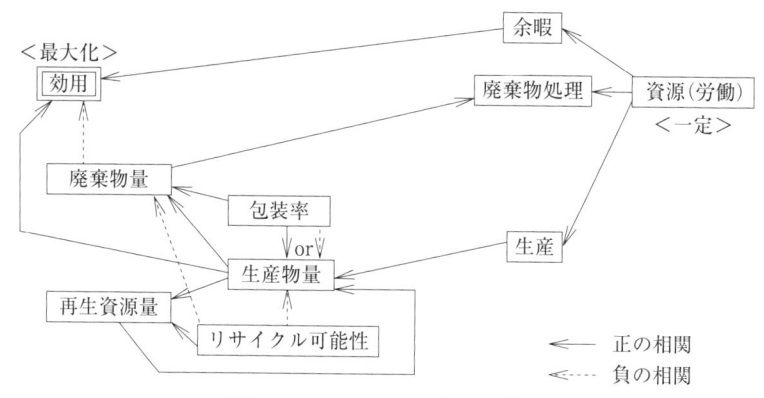

図4-4 Fullerton=Wuモデルの構造

うな一般均衡モデルを作成し，一定の資源（労働）を，生産物の生産か，廃棄物の処理か，余暇かに分配するという資源制約のもとで，効用が最大になるようにするには，どのような条件が必要かを検討し，それが市場での分権的な意思決定で実現できない場合に，どのような政策を講ずるべきかを分析している。

このモデルでは，家計から排出される廃棄物量は，ほとんど生産の段階で決定されてしまうこととなる。家計においては，消費量を減らすこと以外に廃棄物の発生量を減らすすべはない。

② Choe=Fraser（1999）

Fullerton=Wuがあまり重視しなかった，家計における廃棄物減量努力と，家計における不法投棄の可能性を明示的に取り扱ったのが，Choe=Fraserである。

Fullerton=Wuはリサイクル可能性と包装率という二つの属性を生産物に追加したが，Choe=Fraserは，「生産物に内在する廃棄物率 a 」という属性を追加している。a は0から1までの値をとる。生産費用は，生産物量を増やす場合のみならず，a を減らす場合にも増加するとしている。

家計における効用は，生産物量が増えれば増加し，家計における廃棄物減量努力が大きくなれば減少する。

家計から排出される廃棄物は，生産物量に a をかけて得られる「生産物に内

図4-5　Choe=Fraserモデルの構造

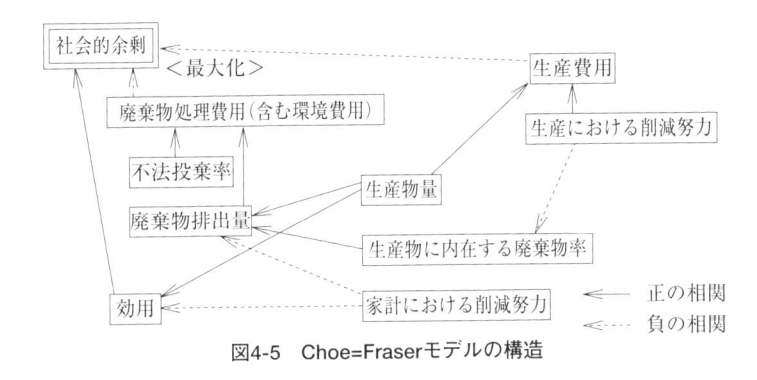

在する廃棄物量」が増えるほど増加し，家計における廃棄物減量努力が大きくなるほど減少する。ただし，家計によって不法投棄が行われる可能性があり，不法投棄率が大きくなれば，適法に処理される廃棄物量は減少することとなる。なお，不法投棄が捕まる可能性は，行政が監視費用をかければ高くなるとされている。

このような一般均衡モデルにおいて，Choe=Fraserは，社会的余剰（家計の効用－生産費用－廃棄物処理費用）が最大になるような条件を求め，これが分権的意思決定で得られない場合に次善の策としてどのような政策を講ずることが妥当かを分析している。

③ Eichner=Pethig（2001）

Eichner=Pethigのモデルでは，生産物は，その量のほかに「物質比」という属性を与えられることとなる。

生産部門では，生産労働と原材料を投入して，生産物と生産する。このとき，原材料の投入量を生産物量で割った値を生産物の「物質比」(material content)と呼ぶ。物質比が大きいほどリサイクル可能性が大きいと考える。つまり，生産物の中に含まれる有用物比が物質比である。

リサイクル部門では，消費後の生産物（不要物）とリサイクル労働が投入され，二次原料とリサイクル廃棄物が生み出される。生産物の重量と物質比は消費後の生産物でも維持される。生産物量，物質比，リサイクル労働投入がそれぞれ大きいほど，二次原料の生産量は大きい。リサイクル部門に投入された消費後の生産物（不要物）から二次原料を差し引いた残りが，リサイクル廃棄物

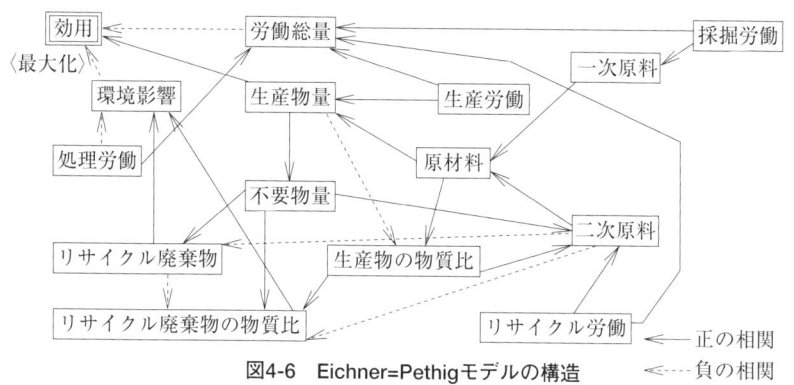

図4-6　Eichner=Pethigモデルの構造　←── 正の相関　<─── 負の相関

となる。リサイクル部門において完全に有用物を二次原料として回収できないので，リサイクル廃棄物の中にも有用物が残っていると考える。この有用物量をリサイクル廃棄物量で割った値を，リサイクル廃棄物の物質比と呼ぶ。

リサイクル廃棄物は，環境を悪化させるため，リサイクル廃棄物を環境中に排出する前に，処理部門を通すこととする。処理部門では，リサイクル廃棄物と処理労働が投入され，環境影響が生み出される。処理労働が大きいほど環境影響は小さく，リサイクル廃棄物量とリサイクル廃棄物の物質比が大きいほど環境影響が大きいと仮定する。

原材料は，一次原料と二次原料からなる。一次原料は，採掘労働を投入すれば入手できることとする。

最後に，効用は，環境影響が大きいほど，また，労働の総供給量（生産労働＋リサイクル労働＋処理部門労働＋採掘労働）が大きいほど減少し，生産物の生産量が大きいほど，増加する。

このようなモデルを構築して，効用を最大にする条件を検討し，分権的意思決定でその状態を実現するための政策を検討している。

(4) ムダを表現する諸方法の評価

これまでの文献において，ムダがどのように表現されてきたかを概観した。

まず，ムダを生産曲線の形状として表現する方法は，企業によるムダ削減努力を十分に表現することができないことから，ムダの表現方法として不十分で

表4-1　生産物の一属性として把握する方法

Fullerton=Wu (1998)	生産物量，リサイクル可能性，包装率
Choe=Fraser (1999)	生産物量，生産物に内在する廃棄物率
Eichner=Pethig (2001)	生産物量，物質比（生産物に占める有用物比率）

あろう。

　供給過剰財をバッズと表現する方法や，効用・生産量を引き下げる財をバッズとして表現する方法は，最大化行動を仮定すればこれらの財が存在意義を失うことから，適切ではないと考えられる。

　したがって，ムダを副産物として表現する方法や，ムダを生産物の一属性として表現する方法を採用することが適切であろう。つまり，企業の生産過程から排出されるムダ（waste）については，副産物として表現する方法で把握することができよう。一方，家計の消費過程から排出されるムダ（waste）については，生産物の設計段階でリサイクル可能性が決まってしまうので，それを生産物の一属性として把握することが適切であろう（表4-1）。

　さて，既存の文献では，なお，以下のような課題が解決されていないと考える。

　第一に，生産過程と消費過程を総合的に把握していない点である。Conrad (1999) は生産過程に絞ったモデルとしている。一方，Fullerton=Wu (1998)，Choe=Fraser (1999)，Eichner=Pethig (2001) では，生産設計時に一定程度リサイクル可能性を規定される場合に，消費後の廃棄物のリサイクルなどをどのように促進するのかという問題意識でモデルが組み立てられている。生産過程からの廃棄物の排出と消費過程からの廃棄物の排出を総合的に把握できる経済モデルが必要であろう。

　第二に，生産物の一属性として把握する各種方法において，生産物量とはなにかが不明確となっている点である。生産物に内在する廃棄物率や資源率という属性を別途設定する場合，生産物量とはどのような単位で測られるものだろうか。そして，そもそも生産物量とはなにを指しているのだろうか。もう少し分かりやすい概念を与えることはできないだろうか。

　第三に，より根元的な問題として，リサイクルしにくく廃棄物になりやすい

生産物を避けようとする消費行動が選択される可能性をモデルに組み込んでいない点を挙げることができる。従来のモデルにおいては，消費者は，新たに追加された生産物の属性は所与のものとして受け入れたうえで，どれだけリサイクル努力を行うかを決めることとされている[194]。しかし，若干製品価格が高くてもリサイクルしやすい生産物を選択する方が，結果として効用が大きくなる場合もあるのではなかろうか。生産物に新たな属性を与える以上，その属性情報に従って消費者が消費行動を変えることもモデルに組み入れる必要があろう。

4.「サービス」とはなにか

(1) サービスに関する過去の議論[195]

アダム・スミス以来の古典派経済学において，どのような労働が生産的かという論点が，取り扱われてきた。

アダム・スミスは，『諸国民の富（国富論）』において，次のように述べている。「労働には，それが加えられる対象の価値を増加させる部類のものと，このような結果を全然生まない別の部類のものとがある。前者は，価値を生産するのであるから，これを生産的労働（productive labour）と呼び，後者はこれを不生産的労働（unproductive labour）と呼んでさしつかえない」[196]。この区分は，労働の成果が特定の対象や商品に固定されるものであるかどうかに依ったものである。つまり，「製造工の労働は，ある特定の対象または売りさばきうる商品にそれ自体を固定したり実現したりするのであって，こういう商品はこの労働がすんでしまったあとでも，すくなくともしばらくのあいだは存続する」ものであるが，「召使いの労働は，ある特定の対象または売りさばきうる商品にそれ自体を固定したり実現したりはしない。かれの労務（services）は，一般的にはそれがおこなわれるまさにその瞬間に消滅してしまうのであって，

---

[194] Fullerton=Wu（1998）のモデルはこの努力すら考慮していない。
[195] 物質的な財と非物質的なサービスに関する経済学の各学説のレビューについては，本書第1章第3節に詳細に展開している。
[196] Smith（1776）訳書第2巻337頁

あとになってからそれとひきかえに等量の労務を獲得しうるところの，ある痕跡，つまり価値をその背後にのこすということがめったにない」のである[197]。その成果を物質的な財に体化する労働を生産的な労働とするという考え方は，リカード，マルサス，J.S.ミルといった古典派経済学者を通じて，維持されることとなる。それに伴い，古典派経済学を通じて，「富」も物質的な財から構成されると考えられていた。

しかし，限界革命によって，希少であって効用を与えるものは，物質的であろうが非物質的であろうが，財であり，富であるという考え方が持ち込まれることとなった。たとえば，ワルラスは，「純粋経済学要論」において，「物質的または非物質的なもの（ものが物質的であるか非物質的であるかはここでは問題でない）であって稀少なもの，すなわち一方においてわれわれにとって効用があり，他方において限られた量しか獲得できないもののすべてを社会的富と呼ぶ」[198]としている。

そして，その後の経済学においては，マルクス経済学を除き，財が物質的か非物質的かという議論は行われなくなった。この点について，サービスに関する経済学説史をとりまとめたドゥロネとギャドネは，次のように述べている。「1850年頃から第一次世界大戦にかけて，サービスに関する議論はほぼ終焉を迎えたようである。なぜなら，当時の一般理論によれば，すべての経済活動はサービスとして分析されたからである。マルクス主義者だけが，階級的分裂や生産的活動と不生産的活動の区別といった考え方を執拗に主張していた。それ以外の経済学者にとっては，論争は決着済みであった。つまり，すべての活動が生産的であり，あらゆる活動がサービスなのである」[199]。

(2) サービスに関する最近の議論

さて，サービスに関する最近の議論をみると，財とサービスを峻別しようとする議論と，財の機能としてサービスを把握しようとする議論の双方が見受けられる。

---

[197] 前掲書338頁
[198] Walrus (1874) 訳書21頁
[199] ドゥロネ＝ギャドネ (2000) 訳書30-31頁

① 財とサービスを峻別しようとする議論

財とサービスを峻別しようとする議論としては，つぎのような議論を挙げることができる。

斎藤重雄（2002）は，サービスと物質的生産物とを峻別することが，サービス経済論の第一歩であると述べる。「生産物には2種類あるが，その1つであるサービス（services）を，これと峻別されるべきもう1つの生産物である財貨（goods）－物質的生産物－との関連において捉えることも重要であり，この把握が固有の課題となる。むしろ，サービス経済論の第一歩はここにあると見るべきである」[*200]。ただ，なぜ，生産物が二種類あると考えなければならないのか，なぜ，それらを峻別することがサービス経済論の第一歩なのかについては説明されていない。

この点，水谷謙治（1990）は，サービスを物の機能と同等視することについて，次のように批判している。「生産手段のような物の機能と人間労働の主体的機能がともにサービスとして同等視され，したがって，生産過程における労働の独自の役割が看過され，剰余価値生産のメカニズムを明らかにすることなどは問題にもならなくなる」[*201]。また，「物が物にサービスするという表現は不正確であり，労働の主体的役割の軽視に道を開くものである」[*202]とも述べている。

そうして，水谷は，サービスを次のように定義する。「サービスとは，物的生産物に対象化せずに人間に提供・享受される労働のうちで，人間自身を対象としておこなわれる労働，および個人的消費生活のための労働——ただし，物的消費財の質量変換により，それに新たな使用価値を追加しないかぎりでの労働－がもたらす有用な効果または役立ちである」[*203]。

このように，個人に向けた労働の成果をサービスとして捉える考え方は，マルクス経済学においては，一般的になりつつあるようである[*204]。

しかし，本稿は，このような考え方に与しない。まず，本稿は，剰余生産の

[*200] 斎藤（2002）46-47頁
[*201] 水谷（1990）90頁
[*202] 前注に同じ。
[*203] 前掲書97頁。

メカニズムや労働の主体的役割の解明という目的意識を共有するものではない。また，実際にサービス業として認識されている業種の中には，通信・運輸・銀行・保険・証券・不動産など広範な業種が含まれており，水谷の定義のようにサービスを限定的に定義することは，現実感覚とも大きくかけ離れることとなる。

ドゥロネ＝ギャドネは，マルクスのサービス論について，教師，教授，家内使用人，聖職者，役人など個人に向けたサービスを「サービス（Dienst）」と呼んでいるが，これについては，ほとんどなにも述べていないと述べたうえ，われわれが20世紀の後半にサービスとして分類しているような商業，銀行業，保険表，経理業，商品運搬業，機械・設備の補修整備業などについては，マルクス自身はサービスに区分していないものの，極めて多くを語っていると指摘している[205]。ドゥロネ＝ギャドネの訳者である渡辺雅男は，「マルクス経済学者がマルクスの「サービス」概念に忠実であろうとすればするほど，彼らはますます現実の「サービス」経済から遠ざかってしまう」と指摘する[206]。そのとおりであろう。

② 財の機能としてサービスを把握しようとする議論

一方，財の機能としてサービスを把握しようとする議論としては，つぎのようなものがある。

橋本介三（1986）は，財を「所有の対象となる有形・無形の諸資源」[207]と定義したうえで，サービスを「財が発する有用な機能」[208]と定義している。橋本によると，「サービスとは，要するに，財の対象に対する有用な働きかけ（機能）を言うのであって，財とサービスの関係は，たとえて言えば，「物体と運動」，「人と行為」のような関係にある」となり，サービスは財の機能を指し示すこととなる。そして，「財はサービスの塊という観点を貫くと，全ての産業は，サービスを提供しているにすぎない。但し，製造業では，原料に様々

---

[204] たとえば，貝塚（2002）では，サービスは「人間を労働対象とする労働の成果」とされている。
[205] ドゥロネ＝ギャドネ（2000）訳書73-74頁
[206] ドゥロネ＝ギャドネ（2000）訳者あとがき237頁
[207] 橋本（1986）216頁
[208] 前掲書217頁

なサービスを投入し，これが体化された「財」を販売するのに対して，サービス産業では，これらのサービスそのものを売る点で，相違するだけである」[209]として，「財はサービスの塊」という考え方がかいま見えている。

また，中田眞豪（1990）は，「サービスとは，モノの「機能」をフローとして市場で取引する営みにほかならない。いいかえれば，モノ自体ではなく，モノのもつ「機能」を売買の対象とするのがサービス業なのである」として，「モノに埋め込まれ使用時に発現する「機能」の売買が，モノの売買の本質である，というふうにみることができる」と指摘する。ここでも，サービスが生産物の持つ機能であると捉えられている[210]。

さらに，井原哲夫（1992）は，「もの」を購入するのは，消費者が，「生活に必要なサービスを自給するため」[211]であると把握している。そして，家庭や企業が必要なサービスを自給するためにそのための道具を購入する必然性はない。「もの」をレンタルして「もの」が供給するサービスだけを購入することもできると述べる。そして，この場合，工場は機械と労働とエネルギーを使って原材料を目的に従って変形する機能（「加工機能」）を提供していると考えられると指摘している[212]。ここでは，企業の生産自体が「加工機能」というサービスの提供であるという考え方にまで至っている。

以上のような議論は，経済学説史を振り返ってみても，奇異な議論ではない。この議論は，アダム・スミスの経済学のフランスへの紹介者であるJ. B. セーにまでさかのぼることができる。セーは，1803年に初版を刊行し，順次改訂を加えた『経済学概論もしくは富の生産・分配・消費に関する概論』において，効用価値説を展開する[213]。セーは，効用（utility）を「ある事物（things）に内在するところの人間のさまざまな欲求を充足する適合性や能力」と定義する。そして，「どんな種類でも効用を有する対象物（objects）を創造することが富を創造することである」とした。ここで，効用をサービス，対象物を財と考えれば，セーの議論は財の機能としてサービスを捉える議論とみることがで

---

[209]　橋本（1986）226頁
[210]　中田（1990）18-19頁
[211]　井原（1992）19頁
[212]　前掲書21頁
[213]　Say（1803）英訳書p.62

きる。セーは、「対象物は人間によっては創造することができない。宇宙を形作る物（matter）の総量は増加させることも減少させることもできない。人間ができることといえば、すでにある物質（materials）を別の形で再生産し、以前は保有していなかった効用を賦与したり、以前に保有していた効用を単に増大させたりすることだけである」と述べる。これは、工場は「加工機能」を提供すると考える井原の議論と共通する議論である。

　セーの考え方は、古典派経済学の本流とはならなかった。しかし、限界革命を経て、実質的には、「すべての活動が生産的であり、あらゆる活動がサービス」（ドゥロネ＝ギャドネ）であると考える新古典派経済学が主流の経済学となったのである。

5.「サービスの缶詰」論

(1) 概念整理
　さて、サービスに関する過去の議論とムダ（waste）の取り扱いに関する先行研究を踏まえて、「サービスの缶詰」論を提起することとしたい。

① 基本概念
　「サービスの缶詰」論においては、すべての物質的な財は、サービスを輸送可能または利用可能な状態に保存した「サービスの缶詰」であると考える。したがって、物質的な財は、二つの属性を有する。第一に、その財が提供するサービスの量である。第二に、その財を構成する物質の量である。消費者の効用はサービスの量が大きいほど大きい。一方、消費後に発生する不要物の量は財を構成する物質の量が大きいほど大きい。

　このとき、サービスとは、人間にとって有用な機能として定義できる。人が財を市場で需要する場合には、その財の持つサービスの総量を評価してその財への支払い意思額を決めるのであって、財の重さに対して支払いを行うわけではない[*214]。

　なお、サービスの中には、生のままで消費者に提供されるサービスがある。たとえば、街頭における音楽家のパフォーマンスに代金を支払う類のものであ

＊214　重石のような、重さ自体が機能を測る単位になっている財を除く。

る。これは，物質の手助けを借りずにサービスだけ提供するという意味で，物質的財の特殊例として把握される。

② サービスに関する従来の議論との関係

従来の議論では，主に，生のままで消費者に提供されるサービスを念頭に置いて，サービスの特性を検討してきた。たとえば，橋本介三（1986）はつぎの2点がサービスの特性であるとしている[215]。第一に，「時間・空間の特定性」である。橋本は，財は，ストックとして特定の時点に存在し，移動可能な場合にはあまり空間の制約を受けないが，サービスは，時間の経過とともに現れ，空間軸にも規定されるとしている。第二に，「非自存性」である。財はそれ自身で存在できるが，サービスを提供する主体（財）とその作用を受け取る客体（財）が存在して，はじめて有意味なサービスが成立すると説明されている。また，馬場雅昭（1989）は，サービスは，貯蔵・保管に耐えない特殊な使用価値であると述べている[216]。

ひとたび，サービスを物質に保存可能なものであると概念すれば，「時間・空間の特定性」や「非自存性」といった特性は，たまたまそのサービスが物質に保存されていない状態をさして述べている特性にすぎないこととなる。

また，サービスを提供する際に，まったく物質を消費しない場合は，ほとんどない。従来，歌手の歌唱，床屋での散髪などが，サービスの典型例として議論の対象として挙げられてきた。しかし，これらのサービスを物質を用いることなしに提供することは困難である。たとえば，コンサートを開こうと思ったら，チケット，パンフレット，ポスターをはじめとしてなにがしかの物質を用いずにはおられない。床屋の散髪も，シャンプー，ムース，はさみ，かみそりなど物質を用いつつ行われるのである。さらに，物質の中には，エネルギーも含めるべきである。従来，電気は無形物であるが，ガスは有形物であるといった議論が一部で行われていたようであるが，電気とガスを区別しようという議

---

[215] 橋本（1986）217-218頁。なお，磯部＝古郡（1987）は，1）生産と消費が同時に行われる，2）サービス供給は在庫調節ができない，3）サービスの需給には時間的，空間的調節が重要な要素となる，4）サービスの供給には，消費者の参加が不可欠であることが多い，5）サービス需要は，究極的には満足を目的としているという五つをサービスの特徴としている。

[216] 馬場（1989）42頁

論は環境影響という視点からはナンセンスである。エネルギーを物質の中に含めて考えれば，物質の手助けなしに提供されるサービスはほとんど存在しないといえる。

このように考えれば，従来，物質的財とサービスを区分していた境界線が，実は，相対的なものであることが分かる。つまり，従来，サービスと呼んでいたものは，物質を比較的用いることなく提供されるサービスであり，物質的財と呼んでいたものは，物質を比較的多く用いることによって（物質とともに）提供されるサービスといえる[217]。したがって，あらゆる財を，物質の手助けを受けて消費者にサービス（有用な機能）を提供するものと概念し，まったく物質の手助けを受けない場合をその特殊ケースと考えた方が，広範に適用できるのである。

③ ムダ（waste）の取り扱いに関する先行研究との関係

「サービスの缶詰」論によると，生産物の属性を無理なく説明できる。つまり，先に掲げたとおり，廃棄物になりやすさ（なりにくさ）に関する新たな属性を生産物に与えた場合に，「生産物量」とはなにを指すのかが不明確になるという問題点があった。「サービスの缶詰」論では，生産物は，効用を与える属性としてのサービス量，消費後の不要物量を増加させる属性としての物量という二つの属性を持つこととなる。

(2) 生産の理論[218]

「サービスの缶詰」論における生産モデルは以下の構造となる[219]。

① $y = f(n, h_1)$　　$f'_n > 0$　$f'_{h1} > 0$, $f''_n < 0$, $f''_{h1} < 0$

② $n = g(m, h_2)$　　$1 > g'_m > 0$, $g'_{h2} > 0$, $g''_m < 0$, $g''_{h2} < 0$

---

[217] このように概念するからといって，現在の「サービス産業」の区分を解消すべきという主張を行うものではない。物質の手助けの少ない産業を「サービス産業」と呼ぶことはかまわない。ただ，「製造業」と「サービス産業」の区分が少なくなってきていることは指摘しておかねばならない。つまり，自ら製造した物質的財を売り渡すことなく，それを用いてサービスを販売する契約を顧客と取り交わすという業態が現れてきている。たとえば，農薬を売るのではなく，害虫駆除サービスを売る契約を結ぶといった例である。White et. al. (1999) は，これを「サービサイズ」と呼んでいる。「サービサイズ」の例については，本書159頁や倉阪（2002）参照。

③　w = m − n

ここで，y：生産物のサービス量，n：生産物の物量，h_1：付加価値労働投入量，m：物的資源投入量，h_2：省資源労働（生産）投入量，w：不要物（生産）産出量を指す。なお，f'nは関数fのnによる一次偏微分であり，f″nは関数fのnによる二次偏微分である（他も同様）。

このモデルにおいては，物的資源投入あたりどれだけの生産物の物量を得るのかという意思決定（式②）と，生産物の物量あたりどれだけのサービスを詰め込むのかという意思決定（式①）が独立した関数として示されている。

式①は，生産物に付加価値を与える段階である。この段階では，「生産物の物量」に「付加価値労働」が加えられ，「生産物のサービス」が産み出される。一定の重さの素材を用いても，どのような機能をそれに付与するのかは，生産物の設計の内容によって異なる。デザインの優劣によっても，生産物が消費者に与える効用は変化する。このような，設計上の工夫を「付加価値労働」によって表現している。「生産物の物量」や「付加価値労働」の投入については「収穫逓減」の仮定を適用することとする。

また，式②は，生産の物質収支を決める段階である。ここでは，「物的資源」に「省資源労働」が加えられ，「生産物の物量」と「不要物排出量」が決定される。原材料の在庫など企業の内部にストックされる物的資源の量が変化しないものと仮定すると，「生産物の物量」と「不要物産出量」の量を足しあわせたものと，投入された「物的資源」の量は等しくなる。ここで，「省資源労働」とは，物的資源投入の歩留まりを高めるための工夫を指す。たとえば，省エネ型のオフィスや工場にするための工夫，端材などをリユース・リサイクルするための工夫などが該当する。「省資源労働」を投入すればするほど，「不要物」の量が減り，「生産物の物量」が増える。「物的資源投入」や「省資源労働」にも「収穫逓減」の仮定を適用する。ただ，「省資源労働」をいくら投入して

＊218　本節で展開されるモデルは，最初に倉阪（1999b）において展開され，倉阪（2000）で改良されたものである。本稿では，消費過程において省資源労働に焦点を絞ったこと，消費者による物量の選択という視点を明確に取り入れたこと，消費のモデルにおける予算制約線の取り扱いなどを見直したことなどが新しい。

＊219　なお，以下の関数は，すべて，変数の可分性，関数の連続性，微分可能性，凸性が確保されていると仮定する。また，コーナーソリューションは考慮しない。

も「物的資源投入量」以上の「生産物の物量」を生み出すことができないので，$g'_m < 1$としている。

ここでは，付加価値を高めるための工夫と，物的資源投入の歩留まり率を高めるための工夫は，独立の効果を発揮すると考えている。省エネ診断のためにコンサルタントを雇ってくることによって，生産物設計のためのデザイナーの生産性が落ちるという関係（あるいはこの逆）があれば，この仮定は適切ではなかろう。しかし，実際にはそのような関係は見られないのではなかろうか[*220]。

さて，p：生産物によって提供されるサービスの価格，q：不要物処理価格，r：物的資源価格，s：賃金とすると，一次の利潤最大化条件は，次のとおりである。

④　$pf'_n g'_m = (1-g'_m) q + r$

⑤　$pf'_{h1} = s$

⑥　$pf'_n g'_{h2} + q g'_{h2} = s$

④～⑥は，それぞれ，物的資源投入量，付加価値労働投入量，省資源労働投入量を，限界収入＝限界費用となるように，決定することを示している。

さて，$n \neq m$の場合，④～⑥を解くと，次の二つの式が得られる。

⑦　$\displaystyle -\frac{f'_{h1}}{f'_n} = -\frac{s g'_m}{q(1-g'_m)+r}$

⑧　$\displaystyle -\frac{g'_m}{g'_{h2}} = -\frac{q+r}{s}$

nがmに等しくないということは，どんなに省資源労働を投入しても，なにがしかの不要物が発生するということを示す。この生産モデルを図示すると，図4-7のようになる。

図4-7の第一象限は，一定のサービス量を生み出すために必要な物量と付加価値労働投入の組み合わせを示している。$dn/dh_1 |_{dy=0} = -f'_{h1}/f'_n$であるため，⑦は，$(H_1, N)$が最適点であることを示している。

図4-7の第二象限は，生産物の物量と物的資源投入との関係を示している。45度線上が$n = m$，つまり不要物が発生しないケースを指す。

[*220] 当然，省エネ診断コンサルタントを雇うことによって，デザイナーを雇う資金の一部がなくなるという関係にはあるが，この関係は，このモデルの中に織り込みずみである。

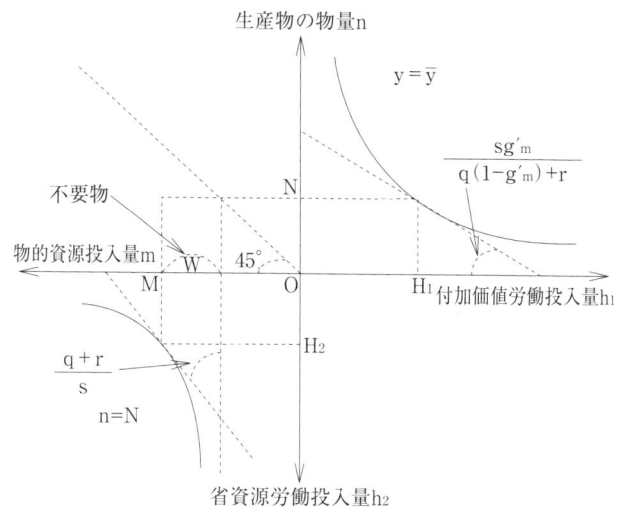

図4-7 「サービスの缶詰」論での生産

　また、一定の量の生産物の物量を得るために必要な物的資源投入と省資源労働投入の組み合わせは、図4-7の第三象限に表される。$dh_2／dm\mid_{dn=0} = -g'_m／g'_{h_2}$であるため、⑧は、$(M, H_2)$が最適点であることを示す。

(3) 消費の理論

　消費の理論では、購入した生産物の物量が、家計に投入される物質になる。この資源の中には、生産物の本体、容器・包装のみならず、生産物を動かすために必要なエネルギーなども含まる。以下では、これを「購入物の物量」という。これは、「サービスの缶詰」の「缶」の部分に相当する。ここで、ある期間の前後で家計の中にストックされている資源の量が変わらないと仮定すると、その期間に家計から排出されるモノの量は、その期間に家計に持ち込まれた「購入物の物量」に等しくなる。

　生産の場面で不要物を削減する努力を想定したように、消費の場面でも不要物を削減するための努力を想定することができる。たとえば、ごみにならないように分別して資源として排出したり、生ゴミを堆肥にしたりすれば、不要物は減る。このような努力が家計における「省資源労働」である。「省資源労働」

は対価を期待できないが,「省資源労働」を行えば,不要物の量が減り,不要物の処理費を節減できる。

「サービスの缶詰」論における消費のモデルは以下の構造となる[*221]。

⑨ $U = U(x, h)$　　　$U'_x > 0,\ U'_h < 0,\ U''_x < 0,\ U''_h < 0$

⑩ $h = h_3 + h_4$

⑪ $z = v(n, h_3)$　　$v'_n > 0,\ v'_{h_3} < 0,\ v''_n < 0,\ v''_{h_3} > 0$

⑫ $n = t(x)$　　　s.t. $(n, x) \ni T$

ここで,U：効用,x：購入物のサービス量,n：購入物の物量,h：総労働量,h_3：省資源労働（家計）量,h_4：賃金労働量,z：不要物（家計）産出量を指す。

式⑨は,購入物のサービス量が大きいほど,総労働量（省資源労働＋賃金労働）が小さいほど,効用は大きいことを示す。式⑪は,購入物の物量が大きいほど家計からの不要物の排出量が大きくなり,家計での省資源労働量が大きいほど不要物の排出量が小さくなることを示す。式⑫は,購入物の物量とサービス量の組み合わせが,一定の技術集合Tに含まれることを示す。この技術集合の外延は生産者によって決められ,消費者は一定の技術集合の中から物量とサービスの組み合わせによって生産物を選択することとなる。

さて,p：購入するサービスの価格,q：不要物処理価格,s：賃金とすれば,予算制約式は,

⑬　$sh_4 - px - qz \geqq 0$

である。このとき,一次の効用最大化条件は,

⑭　$v'_{h_3} = -s / q$

⑮　$U'_x = -U'_h (p + qv'_n \cdot t'_x) / s$

となる。⑭は,省資源労働による限界不要物削減量と賃金労働による限界収入によって不要物処理を依頼した場合の削減量が等しい点まで省資源労働を行うことを示す。⑮の左項は,サービスの購入を1単位増加させた場合の効用の増加を示し,右項は,サービスの購入を1単位増加させた場合の支出の増加に相当する賃金収入を得ようとした場合に必要となる賃金労働に伴う不効用の増加

[*221] 関数の条件は生産のモデルと同様である。

を示す。

　まず，サービス量の選択が物量の選択に変化を及ぼさないと考えて図示する。このとき，⑮において$t'_x = 0$と考えて図示することとなる。その結果，図4-8が得られる。

　図4-8の第三象限（左下）は，省資源労働による不要物削減効果を示している。まったく「省資源労働」を行わなければ，不要物の量は，「購入物の物量」（N）に等しくなる。式⑭により，効用を最大化するこの消費者は，限界不要物削減量（1単位の「省資源労働」によってどれだけ不要物が削減されるか）がs／pに等しい点（H_3）まで，省資源労働を投入することが分かる。このとき，不要物の排出量はZである。

　図4-8の第四象限（右下）は，単に座標を移動させるために45度線が書かれている。第一象限（右上）は，効用を最大にする労働量と購入物のサービス量との関係を示す。通常の消費の理論であるならば，予算制約線は原点から立ち上がるはずである。しかし，このモデルでは，省資源労働と不要物を取り扱うために，予算制約線（AB）が原点から立ち上がらないこととなる。

　まず，省資源労働には賃金収入はないため，全体の労働時間のうち，賃金収入が得られるのは，賃金労働の部分のみになる。したがって，予算制約線は，H_3の右側，つまり賃金労働分について，描かれることになる。

　また，この図では，H_3だけの省資源労働を行うことによって，不要物をZまで減らしている。このZの量の不要物は，1単位につき廃棄物処理価格qで処理しなければならない。この処理費は，Z×qで示される。この処理費を，仮にサービスの購入に充てた場合は，（Z×q）／p＝OCだけのサービスが買えたはずである。このように，賃金労働によって稼いだ収入の一部が処理費として支出されることを，この図では予算制約線をOCだけ下にずらすことで表現している。不要物がなければ，OCだけ余分にサービスを購入することができたということである。

　以上のように，省資源労働に費やした時間分だけ予算制約線は右にずれ，不要物の処理費に使わなければならない分だけ，予算制約線は下にずれるということになる。そして，この消費者は，このように与えられた予算制約線上でもっとも効用が大きい労働量と購入サービス量の組み合わせ（H, X）を選択す

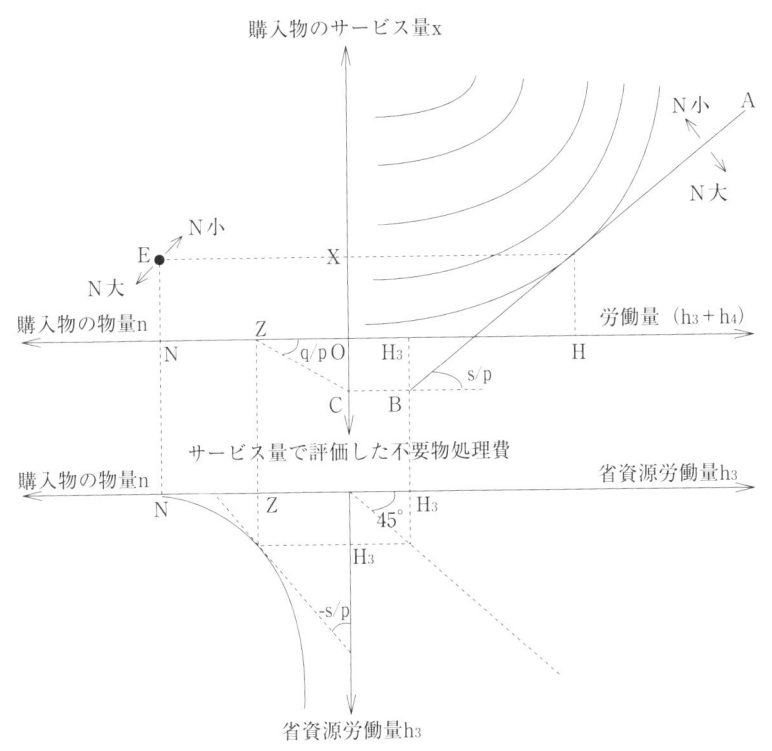

図4-8 「サービスの缶詰」論での消費

ることとなる。

　ここで，購入物の物量を変化させた場合，効用を最大化するnとxの組み合わせは，図4-8の第二象限（左上）のような軌跡を描く。つまり，購入物の物量が小さくなったとき，購入したもののリサイクルしやすさが変わらないとすれば，発生する不要物の量も，省資源労働の量も少なくなる。このとき，予算制約線は左上にシフトする。よって，効用が最大になる点において購入できるサービスの総量は増えることになる。一方，購入物の物量が大きくなれば，発生する不要物の量と省資源労働の量が増え，予算制約線が右下にシフトする。このときには，効用が最大になる点でのサービス購入総量が減ることになる。

　このとき，nとxは一定の技術集合Tに属するという条件を復活させ，消費者が技術集合Tから購入財を選択することとすると，購入サービス量あたりの

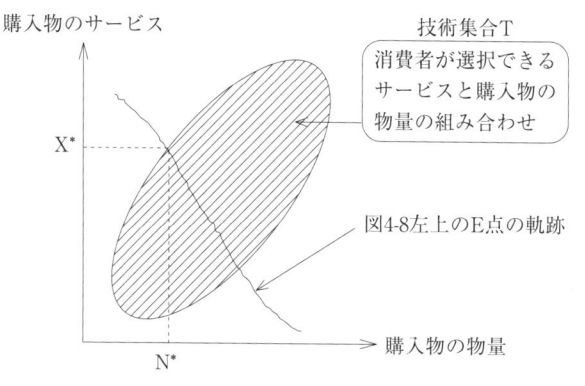

図中のラベル:
- 購入物のサービス
- 技術集合T
- 消費者が選択できるサービスと購入物の物量の組み合わせ
- X*
- 図4-8左上のE点の軌跡
- N*
- 購入物の物量

図4-9　消費者の購買行動と環境効率の向上

物量が小さければ小さいほど効用が増えるから，図4-9に示すように，選択可能な組み合わせの中からもっともnが小さい組み合わせ（N*，X*）が選ばれることとなる。

(4) 従来の経済学との違い

「サービスの缶詰」論のモデルにおいて，不要物が発生しないと仮定すれば，従来の主流派経済学の生産と消費の理論が得られる。つまり，「サービスの缶詰」論の方が一般的な理論であるということができる。

① **生産**

主流派経済学では，投入した物的資源がムダになることを想定していない。投入した物的資源がそのまま生産物となり，不要物となる部分が存在ないと考えているといえる。図4-7でいえば，図の左半分がないものと考えているといってもよい。あるいは，省資源労働を加えなくとも，常に，不要物が発生しない（図4-7の左上の45度線の上にある）と考えているとも言える。このような状態では，省資源労働は存在しなくなる。また，物的資源の投入に従って，不要物が増加することもない。

② **消費**

主流派経済学は，図4-8で購入物の物量が常にゼロであると考えるケースとして捉えることができる。購入物の物量が常にゼロなので，省資源労働は必要

ない。不要物も発生しない。すべての労働時間を賃金労働に割くことができ，不要物処理費も要らないので，予算制約線は原点から立ち上がることになる。

(5)「サービスの缶詰」論の意義
① 共益状態の経済モデルとしての「サービスの缶詰」論

「サービスの缶詰」論によれば，環境を守ることが経済にとってもよいこととして把握できる。この点が，新しい枠組みを作ったもっとも大きな意義である。

まず，「サービスの缶詰」の生産理論では，省資源労働を行うと，資源の購入費と不要物処理費が節減できる。これらの節減分が，省資源労働の賃金の増加分を上回るならば，「省資源労働」を行った方が利潤が増大することになる。

また，「サービスの缶詰」の消費理論では，省資源労働を行った場合，不要物の処理費が節減できる。したがって，省資源労働による不要物の処理費の節減分が賃金労働によって得られる賃金よりも大きい場合には，この消費者は効用を最大にするために省資源労働を選択することになる。

さらに，「サービスの缶詰」の消費理論では，消費者は，生産物の選択に当たって，購入物の物量ができる限り少なくなるように考慮することとになる。このとき，すべての消費者がこのような選択を行うこととなれば，長期的には，同じ量のサービスを消費者に提供する際にもっとも小さい物量で提供することができる企業だけが生き残ることとなる。このため，生産者は，いかにしてより少ない物的資源でより多くのサービスを提供することができるかという観点で，他社との競争を行うこととなる。このような競争の結果，図4-10に示すように，より少ない物量でより多くのサービスが提供されるようになっていくであろう。単位資源投入量あたりの付加価値生産額のことを「資源生産性」と呼び，単位環境負荷量あたりの付加価値生産額を「環境効率」と呼ぶが，図4-10の方向は，資源生産性を高め，環境効率を高める方向だといえる。

このように，ごみが出ることを前提として経済理論を組み直すと，利潤を最大にする生産者の行動や効用を最大にする消費者の行動の帰結として，より少ない資源エネルギーでより多くのサービスを産み出す方向での競争が起こることになる。つまり，この枠組みでは，経済発展の方向と環境対策が向かう方向

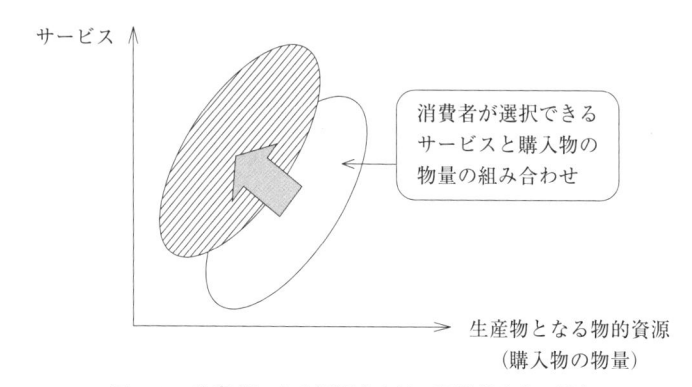

図4-10　生産者による資源生産性・環境効率向上競争

が一致しているのである。環境対策が経済によっても望ましい影響を及ぼすことを共益状態（win-win situation）と呼ぶが，ムダがあることを前提として，生産と消費の理論を再構築したところ，共益状態の可能性がよく見えるようになったといえる[222]。

② メンガーの「人間の経済の基本的な二方向」と「サービスの缶詰」論[223]

カール・メンガーの遺稿にもとづく『経済学原理』第2版の「人間の経済の基本的な二方向」では，「技術的－経済的な方向」と「節約化（経済化）の方向」の二つが挙げられている[224]。「技術的－経済的な方向」とは，「われわれの直接的な財需要を満たすのに必要なすぐ享受できる財が提供されるのではなく，一部は，それに対応する生産手段としてわれわれに提供されるにとどまるという状況」において，「究極的な財需要を満たすべく生産手段に目標と方向を与える配分的な活動」を指す。一方，「節約化（経済化）の方向」とは，「享受手段を作り出すのに必要な生産手段自体，その大多数は，われわれが先行的配慮を行う期間についてみると十分には支配できないという事情」のもとで，「支配可能な財自体の不足から導かれる配分的な活動」を指す[225]。

---

[222] なお，本稿では，Fullerton=Wu などに見られるような一般均衡モデルを採用していない。これは，ムダ（不要物）が存在することを前提とし，それを少なくするための調整過程をどのように促進すべきかという問題意識でモデルを組み立てているためである。

[223] この項と次項は，倉阪（1999b）3－5節と重複している。

[224] Menger（1923）訳書第1巻119-128頁

[225] 前注122-125頁

料理の例を挙げてメンガーの二方向を説明しよう。自然から収穫されるものは多くの場合そのままでは食べられないので料理することが必要である。このとき，どのような食材についてどのような手順で料理すればどのような食事ができるのかという認識とそれにもとづく資源配分活動が「技術的−経済的な方向」といえる。一方，食材はいつも十分に得られるとは限らないので，作る料理に優先順位をつけるとともに，食材をできる限りムダにしないように工夫をする方向が「節約化（経済化）の方向」となる。

このメンガーの二方向は，周知のように，1970年代に経済史家のカール・ポランニーによって「再発見」されたものである。その際に，ポランニーは，手段の希少性によって起こされる経済化の方向よりも，希少性とは無関係に生ずる「技術的−経済的な方向」に注目し，メンガーが希少資源の効率的な配分を主に取り扱う従来の経済学者の域を超えていると指摘した[226]。しかし，生産と消費のミクロ理論を構築するに当たって従来の理論に欠けていたのは，実はメンガーの指摘する「節約化（経済化）の方向」ではなかったのではないだろうか。「サービスの缶詰」論における「省資源労働」は，この節約化（経済化）の努力を明示するものと考えることができるのではないか。

③　ボールディングの宇宙船地球号の経済学と「サービスの缶詰」論

ボールディングは，その宇宙船地球号の論文において，カウボーイ経済と宇宙飛行士経済という比喩を用いて，閉じられた地球上の経済活動は次第に宇宙飛行士経済に転換していくと主張した[227]。このとき，カウボーイ経済は，経済活動の成功の度合いがそこで用いられるスループットの量の大きさで測られる経済であり，宇宙飛行士経済は，できる限り少ないスループットで経済活動を維持することが好ましいと考えられる経済であった。

さて，「サービスの缶詰」論では，カウボーイ経済型の行動と宇宙飛行士経済型の行動の双方を説明することができる。

まず，カウボーイ経済型の行動とは，物的資源投入量を増加させることによって売り上げを増加させる形の行動である。これは，物的資源の価格と不要物

---

[226] Polanyi（1971）訳書329-331頁，334頁
[227] Boulding（1966）

の処理費がゼロに近いカウボーイ経済においては経済合理的だといえる。

　一方，省資源労働を通じて，より少ない物的資源投入（つまり少ないスループット）で最大限のサービスを享受しようとするのが，宇宙飛行士経済型の行動である。環境の限界が認識され，物的資源の価格や不要物の処理費が上昇すればこの行動が経済合理性を持つようになる。

　このように利潤・効用最大化を行う生産者や消費者の行動には，すでに宇宙飛行士経済型の行動が組み込まれているといえる。したがって，カウボーイ経済から宇宙飛行士経済への転換に当たって，利潤・効用最大化を旨とする経済体制自体を放棄する必要はない。問題は，生産者と消費者からいかにして宇宙飛行士経済型の行動を引き出すかという点にある。このためには，生産者と消費者に，十分な物的資源価格と不要物の処理費を認識してもらう必要があろう。また，消費者に，生産物などの物量情報を伝える必要があろう[228]。

---

[228] 関連する政策は，本章第6, 7章や倉阪（2002）第5章参照。

第5章

「持続可能性」を再考する

1.「持続可能な発展」という概念と環境政策

1992年の国連環境開発会議(地球サミット)以来,「持続可能な発展」(sustainable development) という概念が,国際的な環境政策のキーワードとなっている。

「持続可能な発展」の用語を初めて定義したのが環境と開発に関する世界委員会(WCED)の最終報告書「われら共有の未来」(1987)であった[229]。本文書で「持続可能な発展とは,将来の世代のニーズを満たす能力を損なうことがないような形で,現在の世代のニーズを満足させるような発展を指す」と定義された。その後,この定義がこの用語に関するもっとも権威のある定義となっている[230]。

国連環境開発会議(UNCED:地球サミット)では,「持続可能な発展」を達成するための行動原則を示す「環境と開発に関するリオ宣言」や,具体的な行動計画を示す「アジェンダ21」などの文書が採択された。リオ宣言では,持続可能な発展の中心に人類があること(第1原則),各国は自国の資源を開発する権利を持つとともに,そのことにより自国の管轄権を超えた地域の環境に損害を与えないようにする義務も持つこと(第2原則),現在および将来の世代の発展や環境上のニーズを公平に満たすように発展の権利が行使されなければならないこと(第3原則),持続可能な発展を達成するために,環境の保

---

[229] The World Commission on the Environment and Development (1987)
[230] この定義の成立過程については,加藤久和(1990)参照。

全は，発展の過程と切り離すことができないこと（第4原則）などが定められた。

　持続可能な発展という概念が生まれるまでは，先進国と発展途上国が，地球環境問題に関して同じ土俵にたって議論することが困難だった。先進国は，発展途上国が対策を講じないと地球環境問題を解決することができないと主張する一方，発展途上国は，地球環境を悪化させたのはこれまで地球の資源を独り占めしてきた先進国であり，先進国が対策を講ずるべきで発展途上国には対策の義務はないと主張してきたのである。持続可能な発展という概念は，このような対立を融和させ，先進国と発展途上国の双方が共通に掲げることができる目標を与えることとなった。

　日本では，1993年に制定された環境基本法において，「持続可能な発展」の概念を環境政策の基本理念として取り入れることとなった。環境基本法では，環境の保全に関する三つの基本理念が第3条から第5条までに規定されている。そのうち，持続可能な発展に関連する規定は，第3条と第4条に見られる。第3条では，環境の保全は，「生態系が微妙な均衡を保つことによって成り立っており人類の存続の基盤である限りある環境が，人間の活動による環境への負荷によって損なわれるおそれが生じてきていることにかんがみ」，「人類の存続の基盤である環境が将来にわたって維持されるように適切に行われなければならない」と規定している。この規定は，人類の存続の基盤である環境を持続させることが，環境の保全の目的の一つであることを述べたものである。また，第4条では，「環境への負荷の少ない健全な経済の発展を図りながら持続的に発展することができる社会」を構築することを旨として環境の保全を行うべきことが規定されている。これは，「社会」が持続的に発展することが環境の保全の本旨であることを述べた規定となっている。

2.「持続可能な発展」に操作性を持たせようとする試み

　以上のような経緯で「持続可能な発展」という概念が，環境行政の根幹部分に据えられていったが，この概念については，政策の現場で指針として用いることができるだけの操作性に欠けるという批判が繰り返しなされてきた。

WCEDの定義をみても,「将来の世代のニーズ」とはなにか,「それを満たす能力」とはどのように測るのか,「現在の世代のニーズ」はどのようなものまで満たすことが許されるのかといった諸点がまったく明らかにされていないのである。

「持続可能な発展」という概念に操作性を持たせようとする従来の議論の中には,「弱い持続可能性基準」と「強い持続可能性基準」という議論がある[*231]。「弱い持続可能性基準」とは,自然資本と人工資本の総量が減らないような形で次の世代に継承させていくような発展を指す。この場合,自然資本が減少しても人工資本がそれを代替する限りにおいて正当化されることとなる。一方,「強い持続可能性基準」とは,自然資本と人工資本は代替関係にあるのではなく補完関係にあるものとして,自然資本と自然資本のそれぞれの総量が減らないようにすることが重要だと考えるものである。これらの議論は,自然資本の総量をどのように測るのかという重大な問題点を孕んでいるが,マクロ経済政策的な基準としてはある程度使える議論となっている。しかし,自然資本の総量といったレベルで基準を設定しても,個々の意志決定の場面ではなかなか使えないのが難点といえる。

エコロジカル経済学の側からは,「強い持続可能性基準」をさらに具体化する試みも行われている。ハーマン・デイリーは,次のような三原則を示している[*232]。第一に,更新性資源の利用速度は,更新性資源の更新速度を超えてはならないこと,第二に,枯渇性資源の利用速度は,枯渇性資源を更新性資源によって代用できる速度を超えてはならないこと,第三に,汚染物質の排出速度は,環境が汚染物質を無害化する速度を超えてはならないことという三原則である。

フィリップ・ローンは,デイリーの考え方を引き継ぎつつ,発展とはなにか,持続可能とはなにかを子細に検討し,「持続可能な発展」をつぎのように定義した。

　「持続可能な発展を経験している社会とは,人間的な進歩（betterment）を促進するために同胞愛の考え方を現在生きている人々を越えて将来世代

[*231] この区別は,Pearce=Markandya=Barbier（1989）pp.34-35を端緒とする。
[*232] Daly（1990）pp.1-6

を含むように広げ，人間の居住条件の質的な改善が図られていることを特徴とする社会である。この社会は，社会が発展するために必要とする人工資本を維持する過程で，生態系の資源供給機能と不要物吸収機能によって供給され吸収されうる範囲の速度で原材料とエネルギーを使用する。加えて，この社会は，知覚を有する人間以外の生物が持つ内在的な価値をある程度認識しつつ，生物圏とその進化の過程が絶えないことを保証することを求める」[233]。

ローンの定義は，デイリーの三原則に，発展の意味内容と自然保護に関する視点を加えるものであるが，正直なところ，これによって，政策の判断基準としての操作性が高まったように思えない。操作性の問題は依然として残っているのである。

3. 持続可能性に関するミクロ的なアプローチ

さて，本稿では，これらの取り組みとは異なる観点から「持続可能性」の問題に光を当ててみたい。それは，まず，われわれの世界がどのような構成要素から成り立っているのかを検討し，その中で「持続」するものはなにか，それぞれどの期間にわたって持続させるべきかを個別に考察するというアプローチである。

(1) 世界の構成要素と持続可能性

まず，われわれの世界の構成要素のうち，物理的実体面を検討しよう。まず，世界には，人間（ヒトという個体）が含まれる。また，人間は，自らの生活を支えるために，さまざまな人工物を作り出している。人工物には，非耐久消費財，耐久消費財，建築物，構造物などさまざまなものが含まれる。さらに，人工物が人間によって設計されて生産されたものであるとすれば，われわれの世界には人間によって設計されていないさまざまな自然物が存在する[234]。自然

---

[233] Lawn (2001) p.72
[234] 人間自身，人間によって設計されていない自然物の一種であるが，ここでは，自然物と人間を区別して把握することとする。本書51頁参照。

物は，個体としての存在を維持するための自律調整機構（ホメオスタシス）を備えているかどうかによって生物と非生物に分けられる。人間，人工物，自然物からなる物理的実体を備えた存在は，その期間はさまざまであるが，時間を超えて持続しうる。

　一方，われわれの世界においては，個々の生物はさまざまな物理的実体に意味を与えつつ（あるいは物理的実体から意味を読み取りつつ）生きている。生物の中でも人類（ヒトという種）については，個体による情報処理と記憶の能力が発達したがゆえに，個々の人間にとっての意味が相互に連関し，複数の人間によって共有されていくこととなった。このようにして共有され，社会的に定着した意味は「制度」を形成する。「制度」には，言語，慣習のように明文化されていないものから，法律，規則のように明文化されているものまで含まれる。このような「制度」の地域や時代やコミュニティによる違いが「文化」と呼ばれることとなる。「制度」は，複数の人間によって共有され，伝達されることを通じて，時間を超えて持続することとなる。

　また，個々の生物は，他の生物あるいはそれらを取り巻く非生物と連関しつつ，「生態系」を形成している。たとえば，それぞれの生物は，特別の場所を繁殖地やえさ場とし，特別の生物をえさとしてあるいは敵として認識しているが，このような関係は生物の世代を超えて受け継がれていく。個々の生物によるこのような認識は，言語で伝達されるようなものではないが，暗黙知の次元で捉えられた一種の制度とみることもできよう。このような「生態系」の機能も時間を超えて持続するものといえる。

　さて，このような枠組みは，ハンナ・アーレントの世界に類似している。アーレントは，『人間の条件』の中で，人間の営みを，労働（labor）と仕事（work）と活動（action）の三種類に分けている[235]。アーレントによれば，労働とは，成長し，新陳代謝を行ない，そして最後には朽ちてしまうという「人間の肉体の生物学的過程に対応する活動力」とされている。これは，他の生物にも共通する活動といえる。一方，仕事は，自然環境と際立って異なる物の「人工的」世界を作り出す営みであり，「人間存在の非自然性に対応する活動力」

---

[235] Arednt (1958) 訳書20頁。関連する議論は本書37-38頁，50-51頁。

とされる。仕事によって作り出された物が存在するために，人間の世界が人間の生命を超えて永続することができるとしている。さらに，活動について，アーレントは「物あるいは事柄の介入なしに直接人と人との間で行われる唯一の活動力であり，多数性という人間の条件，すなわち，地球上に生き世界に住むのが一人の人間ではなく，多数の人間であるという事実に対応している」と述べている。このような活動によって公的空間が形成される。これは，先にみた，「制度」を形成していくための営みと同義である。

アーレントは，「労働は，個体の生存のみならず，種の生命をも保障する」と述べた[236]が，一方で，「労働の生産物，つまり人間による自然との新陳代謝が生み出す生産物は，世界の一部分になるほど十分に長く世界に留まっていない」とも述べている[237]。つまり，ヒトという種の存続は，労働によって人間という個体が存続し，繁殖活動が営まれることによって保証されるが，労働自身の生産物としての個体は，アーレントの「世界」の一部になるほど寿命は長くないと考えたのである。

一方，アーレントは，「仕事とその生産物である人間の工作物は，死すべき生命のむなしさと人間的時間のはかない性格に一定の永続性と耐久性を与える」と考えた。「永続性と耐久性がなければ世界はありえないが，それを世界に保証するのは，世界の部分として眺められた仕事の産物であって，労働の産物ではない」とも述べられている[238]。

さらに，アーレントは，「活動は，それが政治体を創設し維持することができる限りは，記憶の条件，つまり，歴史の条件を作り出す」と述べている[239]。そして，活動によって形成される公的領域の存立の条件が永続性にあるとする。たとえば，「公的領域を存続させ，それに伴って，世界を，人びとが結集し，互いに結びつく物の共同体に転形するためには，永続性がぜひとも必要である。世界の中に公的空間を作ることができるとしても，それを一世代で樹立することはできないし，ただ生存だけを目的として，それを計画することもで

---

[236] 前掲書21頁
[237] 前掲書176頁
[238] 前掲書148頁
[239] 前掲書21頁

きない。公的空間には，死すべき人間の一生を超えなくてはならないのである」と指摘されている[240]。

このようにアーレントは，仕事の生産物としての人工物が世界に永続性を与え，その永続性が公的空間を成立させるという構造を想定していたといえる。

(2) 人と人工物と制度の持続期間

アーレントは，人工物は，人間の生命の存続期間を超えて世界に永続性を与えると考えたが，実際の人工物は人間の生命の存続期間よりもかなり寿命が短いものが大半ではなかろうか。また，人々が作る制度の存続期間もまちまちであり，かならずしも人間の生命の存続期間以上の永続性がないと制度ができないということでもないように思える。さらに，アーレントの議論には，生態系の機能の持続という視点は見られない。

そこで，なにをどの程度の期間存続させるべきなのかを，個別に考えることとしたい。

まず，ヒトの個体である人間は，どの程度の期間存続すべきなのだろうか。不老不死を望み，できるだけ長く生きたいという欲求は，昔からあったところであるが，ヒトという個体はかならず死に至るものであり，永続することができないのは明白である。ヒトの個体群の平均寿命は，長くても80年程度となっている。「天寿」を全うするという言葉があるが，少なくとも，個々人が，他人や環境の条件によって寿命を全うできなくなることは望ましくないことであるといえるのではないか[241]。

では，人工物についてはどうだろうか。先に述べたように，人工物には，非耐久消費財，耐久消費財，建築物，構造物などさまざまなものが含まれる。耐久消費財，建築物，構造物といった耐用性のある人工物については，それぞれ生産・建設される際に，おおよその耐用年数が想定できる。生産された人工物に対しては，劣化，腐食，摩耗，破損などの自然の力が絶えずかかっており[242]，

---

[240] 前掲書82頁
[241] 自殺や愚行による短命化については，ここでは議論しない。
[242] アーレントは，「自然は，成長と衰退をもって，人間の工作物の中に繰り返し侵入し，世界の耐久性を脅かし，世界を人間の使用に耐えないものにしようとする」と述べている（前掲書155頁）。

これらの力に人工物がどの程度の期間耐えられるかについて，素材や構造から技術的に耐用年数が推定できることとなる[243]。非耐久消費財と考えられているものであっても，耐用回数などを技術的に判断することは可能である[244]。つまり，ヒトの「天寿」が生物学的条件によって与えられていることと同じように，人工物の「天寿」は技術的物理的条件によって与えられていると考えることができる。このように考えると，人工物が持続すべき期間の最大値は，設計時に技術的に与えられた耐用年数であると考えることができるのではないか。

　人工物が耐用年数を待たずして廃棄されてしまう場合としては，つぎの二つの場合がある。第一に，乱暴に使われるなどして，物理的に耐用年数を全うできなかった場合である。第二に，嗜好が変化したり陳腐化したりするなどして，耐用年数を待たずに廃棄される場合である。これらの場合，人工物は本来期待されていた量よりも少ないサービスを提供してその一生を終えることとなる。第二の場合であっても，その人工物が誰に対してもサービスを提供できない状況に陥るのは希である。人工物の機能は維持されているので，他に使う人がいるかもしれない。環境効率が，投入された資源エネルギーあたりのサービスの総量で表されるとしたら，人工物が耐用年数を待たずに廃棄されることは環境効率を悪化させる方向で機能するといえる。

　耐用年数を経過するなどして，人工物が本来の機能を果たせなくなった場合であっても，人工物を構成する物的資源はもう一度資源として用いることができるかもしれない。資源として用いることができる状態のものを捨ててしまうのは，当該物的資源の「天寿」が全うされていない状況といえる。

　人工物や物的資源の「天寿」が全うされていない状況は，「もったいない」という言葉で言い表すことができる。そして，「もったいない」という言葉が表す規範は，人工物はその設計時に技術的に与えられた耐用年数の期間にわたって持続すべきであるというものとなろう。

　以上みてきたことをまとめると，人間も人工物もその「天寿」に相当する期

＊243　税務上の減価償却のために採用されている耐用年数は，広告用の構造物は耐用年数が短くされているなど，かならずしも物理的な耐用年数を反映しているとは限らない。

＊244　たとえば，ビール瓶などは，20回程度詰め替えて使用することができるといわれている。

間にわたって持続するべきであるという規範が得られるのではなかろうか。

　では，「制度」の場合は，どうだろうか。「制度」は放っておけば持続すると考えるのは誤っている。たとえば，言語を例にとっても，少数民族の言語や方言が伝承されずに「絶滅する」ことがある。また，人工物が残っていても，それがなんのためにどのようにして作られたのかが伝わっていない場合もある[*245]。一方，「制度」が固定し変化しないことが望ましいわけではない。その時々の状況に応じて適切に「制度」が変化していくことが，社会の発展の重要な構成要素ともいえる。ポイントは，このような変化が過去の記憶とその反省のもとに行われることである。つまり，「制度の持続」とは，物理的な実体に与えられていた意味に関する記憶にもとづいて，より良いものとなるように制度を変化させていく営みが持続することを指しているといえる。このように定義された「制度の持続」は，ヒトの個体の寿命を超えて，ヒトという種が存続する限りにおいて保持されなければならないであろう。

(3) 自然物と生態系の持続期間

　つぎに，自然物と生態系の持続期間を検討しよう。

　生物の場合にも，ヒトと同様，生物学的に想定できる寿命がそれぞれに存在する。このため，他の生物についても「天寿」を全うするという基準が適用できるだろう。この場合，「天寿」は，他の生物に捕食されるということも加味した長さとなろう。つまり，「天寿」の算出に当たっては，生態学的な知識も必要となる。では，ヒトに食べられる場合はどうだろうか。ヒトがその生命を健康に維持していくために必要な量については，他の生物の「天寿」の計算に当たって勘案するのが妥当であろう。しかし，過剰に摂取したり，娯楽などの目的で殺生したりすることは，他の生物の「天寿」を損なうこととなるため，差し控える必要があろう。

　つぎに，非生物についてはどうだろうか。非生物については，人工物のように人間が「設計」しているわけではない。ただ，人間が設計していない非生物であってもその存在が人間にサービスを提供する場合がある。たとえば，美し

＊245　ストーンヘンジ，イースター島のモアイ像，ナスカの地上絵など。

い自然の造形がわれわれに感動をもたらす場合などがある。このような非生物については，人間にサービスをもたらす状態を物理的に可能な限り持続させることが望ましいといえる。

さらに，生態系の場合，単なる持続だけではなく，その持続する範囲が問題となろう。少なくとも，人類を含まない形で生態系のみが持続するということは避けるべきであろう。

4. 持続可能な規模とはなにか

エコロジカル経済学では，効率的な資源配分と公正な所得分配という従来から認識されてきた政策目標に，持続可能な規模を達成するという第三の政策目標を認識すべきという議論が行われてきた[246]。

人間の経済はより大きな環境システムの一部分であり，人間の経済の規模が大きくなるにつれて，環境サービスが損なわれていく。成長の限界便益が環境サービスの減少に関する限界費用に等しくなる点が，最適な点となる。そして，将来の不確実性などを見越してより安全な規模を選択するのが適当である。このような議論である[247]。

この議論で欠落しているのも，ミクロ的な視点である。実際の意志決定はミクロレベルで行わざるをえない。経済全体の適正規模を確保するという考え方をどのように意志決定の場面に適用するのかが見えてこない。

人および人工物として把握できる人間の経済が，より大きな環境の一部分であるという認識自体は間違っていない。この環境は，人間が設計していない存在である自然物とそれらの相互関係としての生態系からなっている。環境には，生物の体内に，あるいは生態系のネットワークの中に，自律的な調整機構が備わっている。このため，人間が環境を攪乱したとしても，一定の程度までは環境は回復する能力を持っている。これは，人間によってもたらされる影響を払拭する方法で環境が反応するという意味で，環境の減衰効果（ネガティブフィードバック）と呼ぶことができる。人間の経済は，このような環境の減衰

---

[246] Daly (1992) pp.185-193, 本書12頁。
[247] たとえば，Lawn (2001) 第6章など。

効果によって守られているといえる。

　一方，人間の経済によってもたらされた影響を，環境が増大してしまうというケースも考えられる。たとえば，人間の経済によってある生物種が失われてしまった結果，その生物種をキーストーンとする生態系の範囲全体が失われてしまうことなどが該当する。これは，環境の増幅効果（ポジティブフィードバック）と呼ばれる。また，地球温暖化によって，氷雪面の面積が小さくなる結果，さらに太陽光を地表面が吸収して地球温暖化を加速することなども，一例である。

　環境問題は不可逆的であるとよくいわれるが，不可逆的な環境問題には，このような増幅効果がなんらかのレベルで付随しているともいえる。増幅効果のスタート地点はローカルかもしれない

　このように考察を進めていくと，本当に規模が重要なのかどうかを改めて問い直してみることが必要であるように思える。人間の経済の規模が大きくなれば，増幅効果が発生する確率は高くなるといえるが，規模が小さいから問題はないとはいえないはずである。つまり，行動規範としては，増幅効果が発生しないように，ローカルに目を光らせることが重要といえるのである。

5. 市場原理に対抗すべき政策

　市場原理にもとづく意志決定では，まず，遠い将来にわたって持続させること自体を正統に評価できない。市場においては，将来の価値は割り引かれて勘案される。まして，自らが存在しない遠い将来の市場での価値は無に等しい。しかし，すべての生物には種の保存の本能が備わっており，この点で人類も例外ではないはずである。市場原理に対抗して持続可能性を確保するための公的な枠組みを構築すべき根本的な理由はここにあるのではなかろうか（この点は次章で詳述する）。

　現在の市場では，人工物の所有権を移転させる形で消費者のニーズを満たすという取引が基本となっている。しかし，人工物のモノとしての「天寿」を全うさせる観点から，このような取引が合理的なのだろうか。いったん消費者に所有権を移転させてしまったら，人工物の流動性が極端に落ちてしまい，取引

費用がかかるゆえに「天寿」を全うしないまま廃棄されてしまう人工物が多く発生しているのではないか。

　われわれを取り巻く環境は，通常の場合，われわれが影響を与えても減衰効果によって対処してくれる。しかし，そのように環境に甘えていてよいのだろうか。増幅効果を未然に防ぐような制度をさらに充実させていく必要があるのではないか。

　さらに，市場経済では引き合わないが顔の見える範囲では意味があるという場合もあるのではないか。ローカルな資源を活用するために，このような地域コミュニティレベルでの取り組みを活性化させていく必要があるのではないか。

　本章での考察はまだ不十分な段階ではあるが，すくなくともこのような政策的含意を見いだすことができよう。

第6章
「コミュニティ」と「市場経済」を再考する

　本章では，持続可能な福祉社会に向けた公共政策を構築する作業の一環として，持続可能な福祉社会が満たすべき要件，持続可能な福祉社会を目指す根拠，持続可能性のベースとなるコミュニティと市場経済との整合性を確保するための変革の方向性について整理することとしたい。

1. 持続可能な福祉社会が満たすべき要件とはなにか

(1) 持続可能な福祉社会が満たすべき二つの要件

　持続可能な福祉社会とは，個人の生活保障がしっかりとなされつつ，それが長期にわたって存続していける社会の姿を指す[*248]。これを実現するためには，以下の二つの要件を満たす必要がある。

　第一の要件は，人間の経済活動を支える環境のサービスが将来にわたって維持されることという要件である。人間の経済活動を支える環境サービスは，大きく三つに分類できる。第一に，資源・エネルギーを供給する機能である。これは，sourceとしての機能と呼ぶことができる。第二に，不要物を吸収する機能である。これは，sinkとしての機能と呼べる。第三に，生活の場を提供する機能である。これは，affordanceを与える機能と呼ぼう。これらの機能は具体的にはさまざまな形で立ち現れることとなる。たとえば，コスタンザらが1997年に公表した既存のさまざまな貨幣評価調査を踏まえながら，地球上のすべての環境サービスを貨幣価値で見積もった例をみると，図6-1のように生

＊248　広井良典（2001）vi-vii頁

大気の調節	酸素／二酸化炭素バランス，UVBからの保護，硫黄酸化物レベルなど
気候の調節	
安定化機能	主に植生の存在による台風からの保護，洪水調節，Tばつ回復など
水の調節	
水の供給	農業や工業への水の提供，水運の提供
浸食の調節	風や水からの浸食の防止，沈泥の保持
土壌の形状	岩石の浸食と有機物の蓄積
栄養分の循環	窒素の固定，窒素・リン，栄養分の循環
廃棄物の処理	廃棄物の処理，汚染防止，有害物の無害化
受粉作用	植生に対する受粉
生物学的調節	鍵となる補食種による，えさとなる種の個体数調節，上位の補食種による草食動物の調節
避難所の提供	繁殖の場，渡りをする種や地域的に生息する種のすみか，越冬地
食料生産	狩猟，採集，農漁業などによってえられる魚，鳥獣，穀物，豆，果物
原材料	木材，燃料，飼料など
遺伝子資源	薬その他の生産物，農作物の改良のための遺伝子など
レクリエーション	エコツーリズム，スポーツフィッシングその他のアウトドア活動
文化	生態系の美的，芸術的，教育的，精神的，and/or化学的価値

(出所) Costanza et al. (1997) より筆者作成

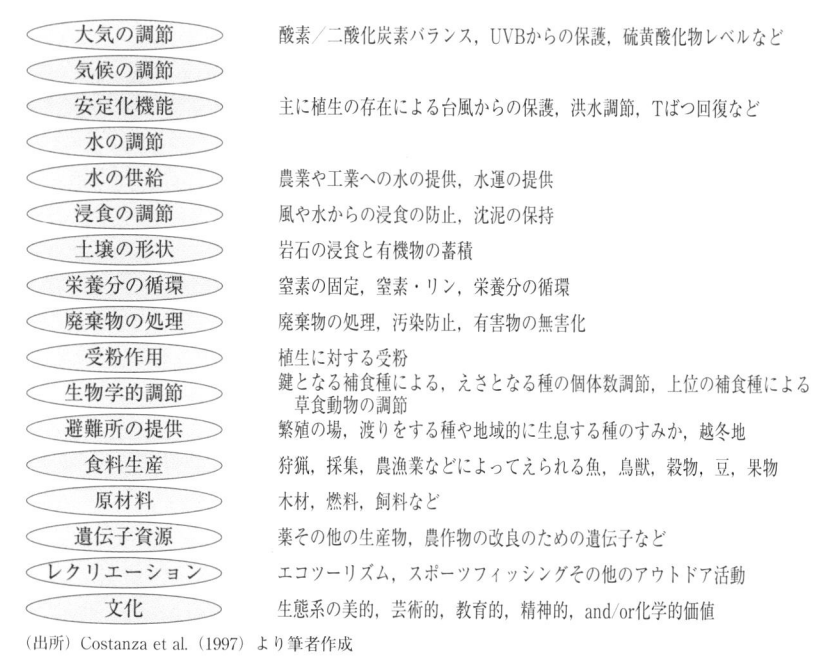

図6-1 生態系の環境サービス項目

態系のサービスを分類している[249]。

第二の要件は，個人の福祉水準が低下しないことというものである。個人の福祉水準は，二重のしくみによって確保されることとなる。第一のしくみは，市場を通じた民間の経済活動によって生活に必要なさまざまなサービスが提供されることである。第二のしくみは，セーフティネットとして社会保障の制度が設けられ，最低限度の水準が制度的に保障されることである。つまり，持続可能な福祉社会においては，福祉の最低限度が社会的に保障されるとともに，民間の経済活動によってより豊かな福祉水準が実現されなければならない。

第一の要件には「人間の経済活動を支える」ということが明記されているため，第一の要件のみでも，人間の福祉の水準を引き下げていくことによって環境の持続可能性を確保するという解決策は排除されることとなるが，その点を

---

[249] Costanza et al. (1997) pp.253-260

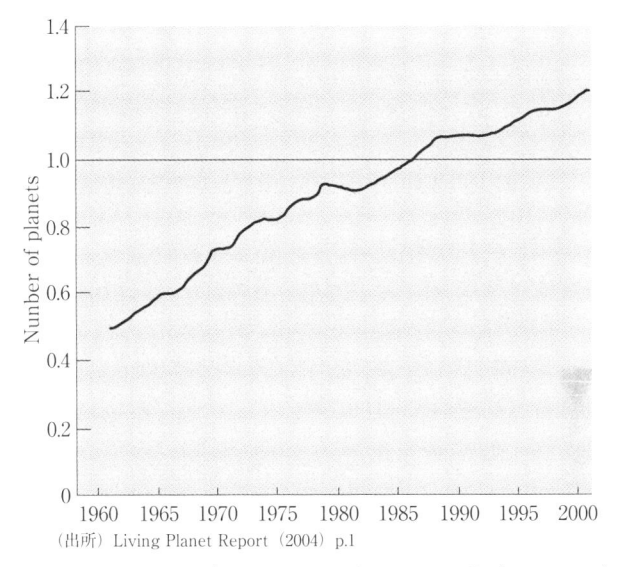

図6-2　人類のエコロジカル・フットプリントの推移（1961-2001）

（出所）Living Planet Report（2004）p.1

より明確にする観点からも第二の要件を追加する意味がある。

(2) 二要件の両立の難しさ

　ただ，人間の経済活動の現状を踏まえるとこの二つの要件を両立させることは，困難なように見える。エコロジカル・フットプリントは，人間の社会で消費される食料，木材（繊維），資源の生産に必要な土地面積，エネルギー消費によるCO_2を吸収するための土地面積（森林面積），インフラ・構造物に使用されている面積の合計値を算出するものであるが，人間全体の経済活動のエコロジカルフットプリントは，1980年代半ばに地球の面積を超過し，その超過分が増大しつつある（図6-2）。つまり，現在の生活水準は化石燃料など「過去の太陽エネルギーが固定されたもの」を食いつぶして維持されており，現在の生活水準を固定したとしても長期的に維持することが困難であることが分かる。世界自然保護基金（WWF）と国連環境計画（UNEF）がとりまとめたLiving Planet Report 2004においては，2001年における人類全体のエコロジカ

ル・フットプリント総計は134億7000万gha（グローバルヘクタール：その生態学的生産力が地球平均であると仮想したヘクタール）であり，地球の生産可能な土地面積を約20％上回っている。つまり，人類の経済活動を支えるためには地球1.2個分が必要であるということになる。

さらに，現在の生活水準にはいわゆる「先進国」と「開発途上国」の間で大きな不公平がある。たとえば，和田（1999）によると，すべての人口が日本の国民と同じ水準で資源・エネルギーを消費すると，地球は2.3個必要となると試算されている[250]。また，前出のLiving Planet 2004が地域別の1人当たりグローバルヘクタールを試算したところ北米が突出していることが分かるなど，大きな地域格差が認められるところである。

このため，持続可能な福祉社会を実現するためには，世代内の公平の問題にも取り組まなければならないこととなる。

2. 持続可能性を確保することがなぜ必要か

では，なぜ，持続可能性を確保することが必要なのだろうか。なぜ，世代内の公平を確保することが必要なのだろうか。これらを自明のこととしてすませてしまうのは簡単ではあるが，これらはかならずしも自明ではない。これらを否定するような言説はさまざまに仮想することができる[251]。

(1) さまざまな仮想言説
① 将来世代はなにもしてくれないのではないか
将来世代のことを考えて意思決定すべきという考え方の対極にあるのが，次のような主張であろう。

> 「将来世代は，今の世代に対して何もしてくれないのではないか。将来世代のために資源を残しておくのならば，今の世代の貧困の解消などに用いるべきではないか」。

---

[250] Wada（1999）
[251] 以下の言説は，かならずしもまったく仮想のものではない。筆者がこれまで実際に耳にしたものも含まれている。

さて，将来よりも今を優先するこの考え方は，そもそも許容されないのか。許容されるが，賛同が得られないのか。仮に賛同が得られないとするならば，それはなぜなのだろうか。

② 途上国の人はなにもしてくれないのではないか

世代内の公平を考えて途上国の発展のために資源を用いるべきだという考え方については，①の主張を少し変えて，つぎのような主張を想定することができる。

「途上国の人は，自分に対してなにもしてくれないのではないか。途上国のために使おうというのは，偽善ではないか。自分は自分のことで精一杯だね」。

さて，他人よりも自分を優先させるこの考え方は，そもそも許容されないのか。許容されるが，賛同が得られないのか。仮に賛同が得られないとするならば，それはなぜなのだろうか。

③ 破壊することによる快感がたまらない

近時「もったいない」という言葉が見直され，一つのスローガンと化している状況であるが，なぜ，モノを大切にしなければならないのだろうか。

たとえば，「破壊することによって得られる爽快感がたまらない」というような考え方や，「ちょっとずつ食べてあとは残すような贅沢な暮らしがしたい」という考え方を想定することができる。このように，モノの大切さよりも快楽を優先させる考え方は，そもそも許容されないのか。許容されるが，賛同が得られないのか。仮に賛同が得られないとするならば，それはなぜなのだろうか。

④ 世界の破滅が見たい

今を生きる個人の快楽を優先させる考え方の究極型がつぎのような主張である。

「一度きりしかない人生だから，自分の目で世界が破滅するのを確認したい」。

さて，この考え方は，そもそも許容されないのか。許容されるが，賛同が得られないのか。仮に賛同が得られないとするならば，それはなぜなのだろうか。

(2) 今を生きる個人の快楽を優先させる立場と功利主義との親和性

以上の言説は，論理的な矛盾を来しているものではない。それどころか，これらの言説は，個人の効用や選好の内容をブラックボックスとしつつ，その最大化を図る功利主義の立場からすれば，まったく合理的かつ論理的である。

言説①も②も，その個人が子孫や他国の人の存在にまったく価値を見いださないとするならば，論理的な矛盾はどこにもない。また，消費という行為自体，モノの価値を損ないつつ効用を得る行為であると考えれば，モノや地球の破壊という行為によって効用を得る個人を否定できるものではない。

したがって，これらの言説の妥当性を検討するためには，個人の効用や選好の内容のブラックボックスに立ち入り，個人の効用や選好としてどのようなものが許容されるべきなのかを検討する必要がある。今を生きる個人の快楽を優先させる立場は，なにによって制約を受けるのだろうか。

(3) 制約を宗教的なものに求める考え方

今を生きる個人の快楽に対する制約を宗教的なものに求める考え方もあろう。

たとえば，『創世記』第9章では，「神はノアと彼の息子たちを祝福して言われた。「産めよ，増えよ，地に満ちよ」」と述べられている。ここでは，地上に子孫を繁栄させることが求められている。この神の意志によると，子孫が絶えてしまうことは避けられなければならない。

また，たとえば，仏教の考え方によると，「一つとして，「わがもの」というものはない。すべてはみな，ただ因縁によって，自分にきたものであり，しばらく預かっているだけのことである。だから，一つのものでも，大切にして粗末にしてはならない」とされ，「ものは大切に使わなければならない。生かして使わなければならない。これが「わがもの」でない，預かりものの用い方である」と，モノを安易に破壊してはいけないという考えかたを示している[*252]。ここでは，モノを大切にする考え方が唱道されている[*253]。

この仏教の教えにのっとれば，モノを破壊することによって快楽を得ることは避けられなければならない。

さらに，輪廻という考え方を持つ宗教もある。一度死んだとしても，将来的

には生き返るということになれば，自分が生き返ることとなる将来世代に資源を残しておくことも正当化されるかもしれない。

しかし，宗教に歯止めを求める考え方は，論証ができないうえに，その宗教の範囲内でしか通用しないこととなる。日本のようにほぼ無宗教の社会では，持続可能性を確保する考え方が広がらないということにもなりかねない。また，宗教が歯止めを与えるとはかならずしも限らない。先に引用した『創世記』の記述のつづきは，「地のすべての獣と空のすべての鳥は，地を這うすべてのものと海のすべての魚とともに，あなたたちの前に恐れおののき，あなたたちの手にゆだねられる。動いている命あるものは，すべてあなたたちの食糧とするがよい。わたしはこれらすべてのものを，青草と同じようにあなたたちに与える」というものである。このような，自然を人間の自己保存の単なる手段とみる見方が，自然に対する畏怖を払拭し，自然開発を進め，持続可能性に関する危機的な状況を招く遠因となったとみることもできる。

(4) 制約を本能的なものに求める考え方

仮に，すべての人が，今の個人の快楽を優先する仮想言説を一般的に信じているとしよう。その場合には，そのような社会は存続できるだろうか。子孫を残すことに意義を見いださない人は，子育てに要する時間を自分のために用いようとするだろう。破壊することによって快楽を得る人は，さまざまな破壊活動を続けるだろう。早晩，このような社会は機能しなくなり，次の世代は生まれてこなくなるだろう。

＊252　仏教伝道教会（1966）440-441頁
＊253　たとえば，前注の文献にはつぎのようなエピソードがある。「アーナンダ（阿難）が，ウドヤナ王の妃，シャーマーバティーから，五百着の衣を供養されたとき，アーナンダはこれを快く受け入れた。王はこれを聞いて，あるいはアーナンダが貪りの心から受けたのではあるまいかと疑った。王はアーナンダを訪ねて聞いた。「尊者は，五百着の衣を一度に受けてどうしますか」。アーナンダは答えた。「大王よ，多くの比丘は破れた衣を着ているので，彼らにこの衣を分けてあげます」。「それでは破れた衣はどうしますか」。「破れた衣で敷布を作ります」。「古い敷布は」。「枕の袋に」。「古い枕の袋は」。「床の敷物に使います」。「古い敷物は」。「足ふきを作ります」。「古い足ふきはどうしますか」。「雑巾にします」。「古い雑巾は」。「大王よ，わたしどもはその雑巾を細々に裂き，泥に合わせて，家を造るとき，壁の中に入れます」。

しかし，一般的に人は子供をほしいと思い，子孫の繁栄を願うだろう。これは，今の個人の快楽ではない別の何かを優先する考え方である。「子孫を残す」行動はなぜとられるのだろうか。途上国などにおいて労働力として家計を支えてくれる子供がほしいという場合は，今の個人の快楽のために子供がほしいという場合であり，別の何かを優先するものではないが，一般的には子孫を残すという行動はそのような打算によるものではなかろう。

　子孫を残すという行動は，ヒトという種の持つ本能に起因するものであろう。ヒトという種のみならず，すべての生物は種族保存本能を有している。種族保存のために繁殖を行わない生物は存在しない。ヒトもこのような種族保存本能を有しているため，繁殖活動を行い，子孫の繁栄を願うのではないか。

　このとき，母性愛・父性愛のように子孫を残すという行動が今の個人に効用を与えるものであれば，「個体の欲求を満たそうとする本能」と「種族を保存しようとする本能」の間には相克は生まれない。しかし，子孫を残すという行動が今の個人にとって負担となる場合には，これらの間に相克が発生する。種族を保存するためには将来の世代のために資源を残しておくことが必要となるが，このために今の消費を抑制しなければならなくなる場合などが該当しよう。

　また，同じ群れで暮らす仲間で殺し合いを始めれば，早晩，この群れは崩壊し，群れ自体の存続が脅かされることとなろう。群れの仲間を助けあうことは，種族保存本能に照らせば合理的な行動といえる。同胞愛のように助けあうことが個人に効用を与えるものであれば，「個体の欲求を満たそうとする本能」と他の人を助けることの間には相克は生まれない。しかし，他の人を助けるために資源を分け与えることが，その人にとって負担となる場合には相克が生まれることとなる。

　このように，今の個人の快楽を優先させる考え方を制約する要因として，種族保存本能を想定することは，宗教的なものを想定するよりも，すべてのヒトに共通する点で優れている。子孫を残すことや他人を助けることに関する宗教上の教義自体が，種族保存本能の表れとみることもできよう。

3.「コミュニティ」と「市場経済」

(1) 本能に根ざすコミュニティの制度とその解体
① 「コミュニティ」とはなにか

　議論を展開する前に,「コミュニティ」に定義を与えておこう。コミュニティとはなにかについては, さまざまに定義できると思うが, ここでは, 以下の二つの要件を満たすものをコミュニティと考えることとしたい[254]。第一に, 構成員がそれに対する帰属意識を有していることである。第二に, 構成員同士が相互に個別に認識されていることである。アメリカというコミュニティ, 日本というコミュニティという言い方が行われる場合もあるが, 帰属意識のみでコミュニティを定義すると, 国家, 政党, 宗教などほぼすべての集団がコミュニティと化してしまう。一方, ある地縁集団によって個別に認識されていても, 帰属意識のない流れ者のような存在は, コミュニティに属しているとはいえない。したがって, ここでは帰属意識と個別認識という二つの要件でコミュニティを定義することとしたい。

　構成員相互の個別認識という要件を導入した場合, そのコミュニティの規模は一定の大きさに制約される。人間が個別認識できる範囲には限界がある。このため, 自ずからコミュニティはローカルな存在となる。コミュニティは,「顔の見える範囲」で成立するものだといえる。

② 持続可能性を維持するコミュニティの機能

　先にみたような今を生きる個人の快楽を優先する仮想言説は, 種族保存本能に根ざした行動からは許容されない。そして, 地縁や血縁によって成立する伝統的なコミュニティにおいては, 今を生きる個人の快楽を優先する考え方を抑えるためにさまざまな制度が本能に根ざす形で設けられていたのではないだろうか。

　コミュニティの持続可能性を確保するための共同地を維持することは, コミュニティのメンバーに科せられた義務として機能していたのではないか。ま

---
[254] 以下の定義は, ネット上のバーチャルなコミュニティにも適用可能である。

た，コミュニティの中の弱者を助けることについても同様にコミュニティのメンバーの義務であったのではないか。

地縁や血縁によって成立する伝統的なコミュニティは，経済活動の規模が拡大するにつれて，徐々に解体していく。

さて，経済活動の規模の拡大は，次の二つの観点で伝統的なコミュニティの存立基盤を弱くしていく。第一に，生活の基盤がコミュニティによってではなく，市場経済によって提供されるようになり，個人のコミュニティへの依存度が減っていくことである。第二に，個人の経済活動の範囲が相互に個別に認識される範囲を超えて拡大することによって，相互につながりが見えなくなっていき，コミュニティ自体が瓦解していくことである。このようにして地縁血縁に基礎づけられた伝統的なコミュニティが瓦解していく。これにつれて，持続可能性を確保するためのイニシアティブの基盤が弱くなってきているのではないか。

子孫の繁栄を願う考え方は，家族という最小の血縁コミュニティにおいては，依然として保持されているのではないか[255]。しかし，核家族化が進行していくにつれて，その社会的な影響力が弱まってきているようにも見える。

利他的な行動を求める考え方は，顔の見える範囲では未だ有効であろう。経済活動の空間的範囲が顔を見える範囲を大きく超えていったときに，利他的な行動は，その根拠を失っていったのではないか。

このように経済活動が種族保存本能を有する身体から乖離していくにつれて，個や今を優先する考え方を抑えきれなくなってきているのではないだろうか。

③ コミュニティの瓦解と近代的な「進歩」の方向

従来，地縁や血縁にもとづく伝統的なコミュニティの制約から，現在の個人の快楽を優先する考え方を解放する方向が近代的な進歩の方向であると考えられてきた。

大塚久雄『共同体の基礎理論』は，このような認識に沿って，伝統的なコミュニティの解体過程を描き出したものといえる。大塚は，農業共同体は，「ア

---

[255] 最近の実子虐待報道などを見ているとこの点についてさえ，徐々に失われてきているようにも思える。

ジア的共同体」「古典古代的共同体」「ゲルマン的共同体」という発展過程をたどるものだと考え，「アジア的共同体」では共同体の成員諸個人に対する部族的「共同態規制」が圧倒的に強かったが，「古典古代的共同体」では古い部族共同体における呪術的＝血縁的な規制力が弛緩し私的諸個人が共同体に対立するものとして立ち現れていた。そして，「ゲルマン的共同体」では古い部族的＝血縁制的な関係はすでにはじめからなんら決定的な意義をもっておらず成員諸個人の相対的自立とその私的活動の割合がいっそう進展したと述べる[*256]。

　大塚においても，伝統的なコミュニティの制約と個人の私的活動の相克は明確に認識されている。共同体の諸個人は全体によって「共同態的」に占取された「土地」を基盤として生産活動を営み，それによって成員諸個人の生活需要を賄うが，成員諸個人の私的活動は「共同体」全体の基本的筋道と矛盾し衝突する。諸個人が独立して自由な私的生産を営むには未だ幼弱であり，「共同体」の外枠としての共同組織は維持されなければならない。このため，成員諸個人の私的活動の恣意性が「共同体」全体によって抑制される。つまり「共同態規制」が必要なのである[*257]。

　ただし，大塚によって「共同態規制」は，非合理的，伝統主義的な性格の「経済外的規制」として把握されており，それは，古く，呪術的なものと認識されている。一方，成員諸個人の私的活動は，自由で，自立したものと捉えられており，諸個人の成熟にともなって獲得されるものとして認識されている。そこには，「共同態規制」の現代的な意義についての考察は見られない。

(2) 市場経済に反映される価値とそうでない価値

　伝統的なコミュニティが解体されていった結果，個人は市場経済によってその生活需要を満たしていくこととなった。市場経済は，貨幣価値で測られる利潤を追求する民間企業のモティベーションによって動かされている。このとき，持続可能性に関連する価値が市場には十分に反映されないこととなった。

① 環境サービスに与えられる価値[*258]

　人間が環境サービスに与える価値は，図6-3のようにまとめることができる。

[*256] 大塚久雄（1955）第3章，とくに77頁，93頁，131頁参照。
[*257] 前掲書53-54頁

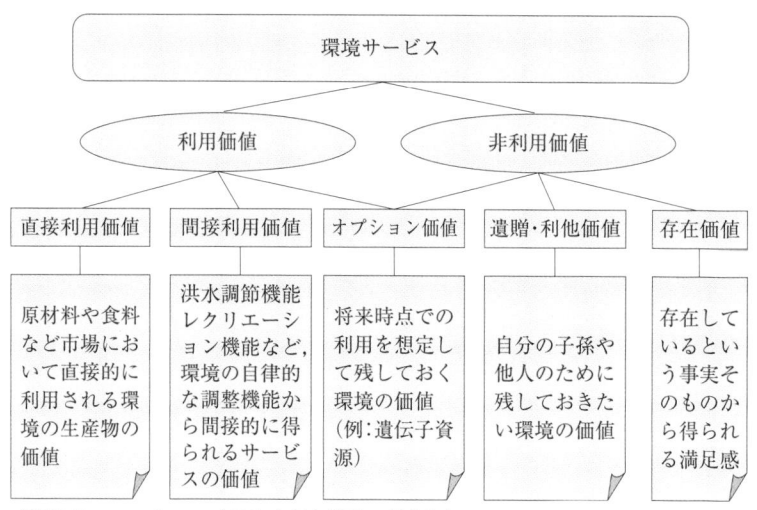

```
                    ┌─────────────┐
                    │ 環境サービス │
                    └──────┬──────┘
                ┌──────────┴──────────┐
            ┌───┴────┐           ┌────┴────┐
            │ 利用価値 │           │ 非利用価値 │
            └───┬────┘           └────┬────┘
```

直接利用価値	間接利用価値	オプション価値	遺贈・利他価値	存在価値
原材料や食料など市場において直接的に利用される環境の生産物の価値	洪水調節機能レクリエーション機能など，環境の自律的な調整機能から間接的に得られるサービスの価値	将来時点での利用を想定して残しておく環境の価値（例：遺伝子資源）	自分の子孫や他人のために残しておきたい環境の価値	存在しているという事実そのものから得られる満足感

(出所) Bateman=Turner（1993）などを参照して筆者作成。

図6-3　環境サービスに与えられる価値

　利用価値（use value）とは，人間が実際に利用する環境サービスの価値を指す。現在利用する環境サービスは，直接利用価値（direct use value）と間接利用価値（indirect use value）に分けられる。直接利用価値とは，環境の自律的な働きから得られる生産物が直接市場で価格づけられるものである。木材，穀物，漁獲などが典型例である。間接利用価値とは，環境の自律的な働きから得られるサービスが，間接的に人間の経済に便益を与えるものである。気候調節機能，洪水調節機能のほか，海水浴，森林浴などの場を提供する機能などが含まれる。

　なお，自然の資源を，ストック-フロー資源（stock-flow resource）とファンド-サービス資源（fund-service resource）に分類する論者もいる[259]。ストック-フロー資源は，それを用いて生産された財の中に物質的に取り込まれる資源（例：原材料）であり，ファンド-サービス資源は，生産によって影響を受けるものの物質的に生産財の中に取り込まれない資源（例：環境の不要物同

---

[258] 本項と次項は，筆者が「サステナビリティの科学的基礎に関する調査プロジェクト」（山本良一・北川正恭共同座長）のために書き下ろした元原稿を使用している。
[259] Daly=Farley（2004）pp.70-72

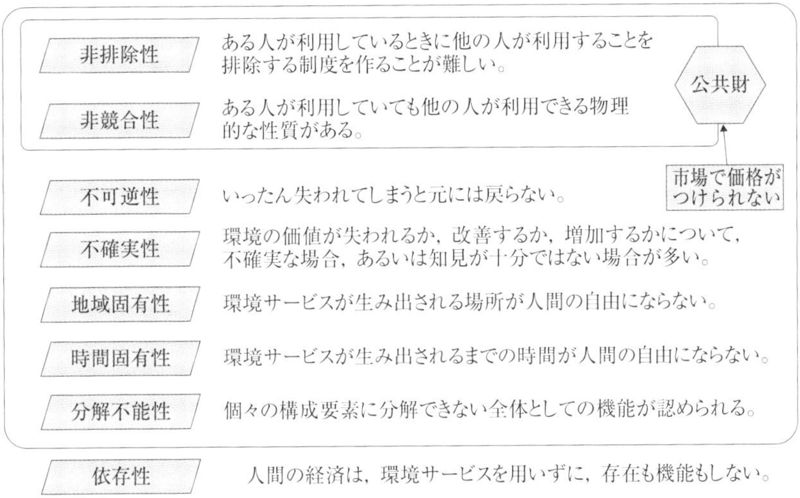

非排除性	ある人が利用しているときに他の人が利用することを排除する制度を作ることが難しい。	公共財
非競合性	ある人が利用していても他の人が利用できる物理的な性質がある。	
不可逆性	いったん失われてしまうと元には戻らない。	市場で価格がつけられない
不確実性	環境の価値が失われるか、改善するか、増加するかについて、不確実な場合、あるいは知見が十分ではない場合が多い。	
地域固有性	環境サービスが生み出される場所が人間の自由にならない。	
時間固有性	環境サービスが生み出されるまでの時間が人間の自由にならない。	
分解不能性	個々の構成要素に分解できない全体としての機能が認められる。	
依存性	人間の経済は、環境サービスを用いずに、存在も機能もしない。	

(出所) 筆者作成

図6-4 環境サービスの性質

化機能)である。これはおおむね直接利用価値と間接利用価値に対応している。

一方、非利用価値(non-use value)とは、実際に利用しない環境サービスの価値を指す。遺贈価値(bequest value)は、将来世代のために残しておきたい環境の価値である。利他価値(altruism value)は、近親者や友人のために残しておきたい環境の価値である。存在価値(existence value)は、存在しているという事実そのものによって得られる満足感を指す。

オプション価値(option value)は、利用価値と非利用価値の中間形態で、将来時点での利用を想定して残しておく環境の価値をいう。将来の薬品利用などのために保全される遺伝子資源、将来におけるレクリエーション利用のために保全される自然などが該当する。

② 環境サービスの性質

このような環境サービスは、市場においては評価しきれないものである。環境サービスの性質は図6-4のようにまとめることができる。

まず、環境サービスには、非排除性と非競合性が認められるものがある。これらは、公共財の一種といえる。非排除性とは、ある人が利用しているときに

他の人が利用することを排除する制度を作ることが難しいことを指す。また，非競合性とは，財・サービスの物理的構造が複数の人が同時に利用することを許容していることを指す。非排除性と非競合性がともに成立する場合には，この財は公共財と呼ばれる。公共財は，多数の人によって同時に利用でき，また料金を払わない利用者の利用を排除できないため，利用者に負担をしないで利用する動機づけを与えることとなり，市場によっては十分に供給できないことが指摘されている。

環境サービスの中で，市場で価格がつけられる直接利用価値については，公共財とはいえない。たとえば，ある人が使っている木材を別の人が使うわけにはいかない（競合性）。また，一部のレクリエーション利用については入場料などを取ることができる（排除性）。しかし，大部分の間接利用価値や非利用価値については，公共財の性質を持っており，市場では価格がつけられないこととなる。

次に，環境サービスは，不可逆的な性質を持っている。環境サービスは，環境の自律的な働きによってもたらされるものであり，その働きは人間が作り出したものではなく，これまでのところ復元できるものでもない。環境の自律的な働きは，ある程度まで回復力を持っているので，人間による攪乱を一定程度までは許容する包容力を持っている。しかし，人間による攪乱が一定の閾値を超えてしまうと，環境の自律的機能が不可逆的に損なわれてしまい，その環境サービスが得られなくなってしまう。

また，環境サービスには，不確実性がつきまとう。人間は，環境の自律的な機能を完全に把握していない。初期設定の微細な相違が大きな帰結の違いをもたらすというカオス的な動きが見られる場合もあり，現在の環境影響の帰結や，将来の環境サービスの状況を正確に予測することは難しい。

さらに，環境サービスは，空間的にも時間的にも人間の自由にならないという性質を持っている。

まず，環境サービスは地域固有財としての性格を持っているものが多い。市場で取引される環境の生産物を媒介として得られる環境サービスを除けば，利用者の方がその環境サービスが得られる場所に行かねばならない。非利用価値についても，その場所に存在するということが重要な要因となっている場合が

ある。環境サービスが得られる場所は，環境の自律的な働きによって決まり，人間が自由に操作できるものではない。

　また，環境サービスは，そのサービスが生み出されるまでの時間が，生態学的，物理的，地質学的に決まっており，その「納期」も自由にならないという性質を持っている。生物が生育するための時間，雨水が得られる期間，雪が降る期間，化石燃料が生成する期間など，環境サービスが生み出されるまでの時間は，人間は自由に操作できない。

　環境サービスは，要素に分解して把握することができないという性質を持っている場合が多い。食物連鎖による個体数調整機能，気候調節機能，栄養素の循環機能，水循環機能など，生態系のサービスは，全体として機能するという特徴がある。

　従来の経済学の枠組みでは，財やサービスの可分性を仮定し，財・サービスの供給や需要が微少な一単位ずつ変動する場合の費用や効用の変化を分析してきた。財・サービスの可分性が成立しない場合には，このような経済学の枠組みでは十分に取り扱うことができない可能性がある。

　以上のように，環境サービスは，市場で取引される財・サービスには見られない幾多の性質を有している。「場所」や「納期」や「数量」が自由にならないうえ，不確実性も伴い，一度失われると元通りになる保証もないという大変厄介なサービスといえる。

　しかし，人間の経済は，環境サービスなしに存在することも機能することもできない。人間の経済は，環境サービスに依存している。人間の経済は，環境から資源・エネルギーを得て，環境に不要物を排出しつつ，営まれている。また，人間は，環境がもたらすアメニティなしに，健康で文化的な生活を営むことはできない。われわれは，使い勝手がわるいサービスであっても，環境サービスに依存しつつ，社会経済活動を営まざるをえない存在といえる。

③ **持続可能性が市場において確保されない理由**

　数百年，数千年にわたって人類の制度を持続させるという課題について，貨幣価値をモチベーションとする市場経済は十分に機能することができない。

　前項でみたような公共財に当たるものについては，そもそも市場では価格がつけられない[*260]。地球の熱交換機能，森林の酸素供給機能，海洋の循環に伴

う気候調整機能といった環境サービスの生命維持機能はすべて公共財に該当する。

市場で価格がつけられる環境サービスにおいても，市場経済においては，将来の貨幣価値は現在価値に割り引かれてしまう。将来の100万円と現在の100万円は同じ価値を持たない。100年後の100万円の現在価値は，利子率が1%のとき37万円であり，2%だと13万8000円となる。そもそも民間企業の時間的視野の中に100年後，ましてや1000年後のことは入っていないであろう。

また，市場に参加している主体が環境サービスの供給可能性を事前に十分に把握していないため，人間にとって重要な環境サービスが損なわれてしまうおそれがある場合に，価格シグナルが十分に機能しない場合がある（不可逆性＋不確実性）。

さらに，時間固有性・地域固有性といった特徴は，環境サービスの供給が市場の思いどおりにならないことを示しており，このようなサービスの供給見込みなどに関して経済的な意思決定が誤った場合，事後的な修正が困難となる。

環境サービスに与えられる価値に即して検討しても，さまざまな価値の中で，利他的価値，遺贈価値，存在価値については，需要サイドからの要求がない限り，利潤を追求する民間企業によっては考慮されないこととなる。オプション価値については，生産過程でのオプション価値のみ，供給サイドで考慮される可能性があるが，一般的には，公共財的な取り扱いを受けるものと考えられる。

民間企業活動自体が，持続可能性を弱めてしまうことも指摘できる。農業や林業などにおいて，短期的な利潤を生み出す活動のみに投資が集中してしまう結果，環境サービスの多様性が失われてしまうという関係である。

以上の検討によれば，環境サービスが持続的に供給されるようになるためには，民間企業の活動に対して，経済外的な要因によってなんらかの形で制約を設けることが必要となろう。

＊260 地域公共財に当たるものについては，転居先の選択を通じて地価や家賃に反映される。

4. 持続可能な福祉社会に向けた変革の方向

(1) 地域主義の限界

　環境問題の解決にあたって，地域のコミュニティの再構築を進めるべきだとする考え方としては，過去，玉野井芳郎による「地域主義」の考え方があった。玉野井は，自らの考え方を，国が「上から」提唱し組織する「官製地域主義」と区別して「内発的地域主義」と呼び，その定義をつぎのように与えている。「地域に生きる生活者たちがその自然・歴史・風土を背景に，その地域社会または地域の共同体にたいして一体感をもち，経済的自立性をふまえて，みずからの政治的・行政的自律性と文化的独自性を追求することをいう」[261]。このような地域主義は「人間生活の自立と自存を目ざして，地域環境のエコロジー的基礎を大切にする考え方」であるとも述べられている[262]。

　玉野井による地域主義は，市場経済に対抗する力として，地域のコミュニティに着目する考え方である。この点では，本稿の問題意識に近い。しかし，地域主義には限界があった。第一に，市場経済をどのように変革していくかが具体的に示されていないという点である。玉野井においては，市場経済のあり方について，生鮮食品などを例にとって，「全国流通のネットからもぎとって地場流通を復位させていく」という方向が示されている[263]。しかしながら，市場経済の中核部分をなす製造業などの全国流通部分についてはなんら方向性が示されていない。第二に，地域主義をどのように広げていくかという政策論が欠けていることである。玉野井は，地域の内発性を強調するがあまり，「各地域で地域主義の思想を念頭に置く勉強家たち，あるいはそういう的確な問題意識をもった人々が，ひとりでも増えていくことが望ましい」[264]というスタンスであり，政府のあり方がどのように変革されるべきかという考察が欠けている。まさにこれらの点が地域主義の考え方の弱点であり，これらの弱点のゆえ

---

[261] 玉野井芳郎（1979）88頁
[262] 玉野井芳郎（1982）154-155頁
[263] 玉野井芳郎（1979）124頁
[264] 前掲書155頁

に，玉野井の提唱後30年弱を経過しても地域主義の考え方が十分に実現されていないのではないか。

本稿では，このような地域主義の限界を乗り越えるべく，市場経済の変革のあり方や政府の変革のあり方についても検討していくこととしたい。

(2) 市場経済の変革の方向
① 基本的な方向

地球的な規模で環境の限界が顕在化している現在，環境負荷の総量を抑制しつつ，経済的な付加価値を上げていく方向で，市場経済を変革しなければならない。いわゆる環境負荷量と経済成長の切り離し（decoupling）という方向である。

この場合，具体的には，三つの観点での切り離しが必要である。第一に，脱物質化（dematerialization）である。総体として，より少ない資源エネルギーの投入でより多くの経済的付加価値を追求する必要がある。第二に，脱有害物質化（detoxification）である。資源の中でも有害な物質に対する依存度を減らしていく必要がある。第三に，脱炭素化（decarbonization）である。エネルギーの中でも，炭素分を燃焼させて得られるエネルギーについては，地球温暖化の防止の観点から，依存度を減らしていく必要がある。

さて，これらを達成するためには，まず，利潤を追求する民間企業のモティベーションを活用する必要がある。利潤追求というモティベーションを活用せずに計画的に経済活動を進めようとしても十分に機能しないことは，社会主義国の歴史的な経験が示しているところである。なんらかの経済外的な要因による制約を働かせるとしても，計画経済に移行させるわけにはいかないだろう。

② 三つの共益状態

このために，環境負荷を下げていきながら，経済的な付加価値を高めていくという共益状態（win-win situation）の実現が鍵となる。

共益状態には，三つの形態がある。

第一の共益状態は，生産過程でのムダを省くことによって，同じサービスを生み出す際の資源エネルギー消費と不要物発生を抑制する形のものである。生産過程において従来は不要物として排出されていた資源エネルギーを排出しな

いようにしたり，生産物として活用したりすることが該当する。

　第二の共益状態は，モノを売り渡さずにサービスだけ提供するビジネススタイルに転換することによって，資源エネルギー投入当たりのサービス提供量を増加させる形のものである。生産した製品の所有権を消費者に販売するのではなく，製品の使用料を徴収したり（リース・レンタル），製品から得られるサービスを提供する契約を行ったり（農薬販売会社が害虫駆除サービス提供会社に業態を変更することなど），修理・アップグレードなどの追加的なサービスを提供したり，不要となった際の引き取りサービスを実施したりして，収入が得られる場面を増やしていくことによって，結果的に同じ製品から得られる収益を上げていくという考え方である。これは，「サービサイズ」と呼ばれたり，製品サービスシステム（product service systems:PSS）と呼ばれたりする[265]。

　第三の共益状態は，地域分散的に発生し従来は使われなかった資源エネルギーを用いて，新たなサービスを生み出す形のものである。われわれの資源基盤には2種類のものがある。第一に，化石燃料，鉱物資源など，質が高く，集中的に生み出される資源である。これは，集中資源と呼ぶことができる。第二に，自然エネルギー（太陽の光，風力，水力，生物資源（バイオマス），地熱など）や再利用できる循環資源など，質が高くはないが，分散的に生み出される資源である。これは，分散資源と呼べる。人間の経済活動に投入される一次エネルギーの9割が化石燃料であることからも分かるように，これまでの経済活動は，集中資源依存型であったといえる。しかし，化石燃料や鉱物資源などの集中資源はやがて枯渇に向かう。持続可能性の観点からは，自然エネルギーに代表される分散資源を活用していく必要がある。

③　第一の共益状態の阻害要因とその除去の方向性

　第一の共益状態の阻害要因は，次の二つである。第一に，認識の遅れや情報の欠如である。ある事業から，どれだけの廃棄物が出され，どれだけのエネルギーが使われ，それらのためにどれだけの費用がかかっているのかなどの情報が十分に記録されておらず，経営者に情報が入っていないという状況があると，これらの費用を節減しようというインセンティブが起こらない。また，取

---

[265] PSSについては，Mont（2002）など。

引先，投資先，融資先，購入先，就職先などの選択において，環境情報が考慮されない。第二の阻害要因は，無償でまたは安価に処理される不要物の存在である。大気中に出される不要物など，処理費がかからない不要物，安価に処理される不要物が存在する。この場合，削減のために必要となる措置が引き合わなくなり，共益状態が生まれない。

　第一の阻害要因を除去するためには，物量情報が企業間で比較可能な形で記録され，公開されることが必要である。現在の企業は，財務諸表を備え，株式市場や銀行などからの資金調達活動の際に提示するなど各種ステークホルダーへの情報提供を行っているが，財務諸表（financial balance sheet）のように一定のフォーマットに従って物量諸表（material balance sheet）を作成し，これについてもステークホルダーに情報提供すべきである。これにより，他の企業・製品との比較，経年での比較，業種標準との比較，環境容量との比較が可能となり，事業者が自分の問題として環境に取り組む誘因を与えるとともに，さまざまな選択の場面で環境が考慮されることとなろう。

　第二の阻害要因を除去するためには，なんらかの形で，環境への負荷に応じた負担が課せられるような政策を実施することが必要である。環境税や排出権取引などは，このような施策の典型的なものとなろう。現在，各種大気汚染物質に関して採用されている各種の排出規制も，このような施策の一種として把握することができる。

④　第二の共益状態の阻害要因とその除去の方向性

　第二の共益状態を阻害するものとしては，第一に，一般廃棄物の処理費用を生産者が負担していないということを挙げることができる。つまり，生産者としては販売時点までに関心があり，生産者にはいったん売れてしまったら早く不要物になるなどして買い換えてもらえればありがたいというインセンティブが働いている。第二に，現在の生産者の商慣行がサービスを売るビジネスに適合的ではないということが挙げられる。たとえば，サービスを継続的に提供するビジネスにおいては，販売時点だけで顧客と接触するのではなく，販売後も顧客と長くつきあっていくことが求められるが，そのような体制が整っていない。その他，税法上，会計上の問題も存在するものと考えられる。第三に，現在の消費者の消費慣行がモノを所有しないで使用するというライフスタイルに

適合的ではないということが挙げられる。車など，レンタカーでよいといっても，ステータスとしてマイカーを所有したいと考える消費者がいるだろう。第二，第三の理由は，社会的な慣性（いったん決まったことはなかなかかえられないこと）に起因する部分が大きい。主に，第一の阻害要因が除去できれば，徐々に商慣行や消費慣行も変わってこよう。

第一の阻害要因を除去するために，拡大生産者責任の考え方を貫徹させることが必要である。OECD が2001年に公表したガイダンスマニュアルは，拡大生産者責任を，「製品に対する生産者の責任をその製品のライフサイクルの中で消費後の段階にまで広げる環境政策のアプローチである」と定義している。そして，拡大生産者責任の政策に関する二つの特徴として，1) 市町村の責任（物理的責任and/or経済的責任，全部または一部）を生産者に向けて上流にシフトすること，2) 製品の設計に環境保全上の考慮を含めるよう生産者にインセンティブを与えることを挙げている[*266]。製品の環境コストを製品価格に含ませることによって，環境コストを考慮した生産・消費行動を生み出そうとすることが，拡大生産者責任の本旨といえる（次章参照）。

このような拡大生産者責任の本旨にのっとれば，製品や容器が廃棄物となった場合の処理費用は生産者側がまず負担することとなる[*267]。このとき，処理費用を節減するためのインセンティブが生まれ，製品や容器包装の中で不要な部分を減らしていこうとする動きが起こる。さらには，消費者に販売した製品をどんどん買い換えさせるという戦略（この場合廃棄物の処理費用が発生する）よりも，長期間にわたって使い続けるためのサポートサービスやアップグレードサービスを提供したり，製品を売り渡さずに使う権利だけを提供する契約としたりするなどの「サービサイズ」の動きが見られるようになるだろう。

⑤　第三の共益状態の阻害要因とその除去の方向性

第三の共益状態の阻害要因としては，主につぎの二つを挙げることができる。第一に，地域分散的に発生する分散資源は，集中的に発生する集中資源に比べ

[*266] OECD (2001)
[*267] 当然，この費用は，価格に転嫁され，消費者が最終的には負担することとなる。業界には，簡単には価格転嫁できないので拡大生産者責任には反対であるとの動きがあるが，ドライにいえば，価格転嫁できない弱い企業は市場から退出していただくこととなるのではないか。

て経済性に劣る点である。このため，集中資源に対する課税などを通じて，分散資源の経済性を上げていくことが必要となる。第二に，地域分散的に発生する資源の賦存状況を把握し，活用するための制度的なしくみが弱いことである。基礎自治体でできることは基礎自治体が処理し，基礎自治体でできないことのみを広域的な自治体や中央政府が行うべきという補完性原理に照らしてみれば，分散資源を把握し開発と活用を進める施策は，まず，基礎自治体である市町村が実施すべきである。しかしながら，これまで資源エネルギー政策は，国が行うものという認識があり，自治体において資源エネルギー政策を行っているところはほとんど見られない。自治体による資源エネルギー政策を立ち上げ，分散資源を活用するビジネスにを自治体がサポートしていく必要があろう。そして，分散資源を活用するビジネスが草の根的に起こっていくのではないだろうか。

⑥ あたらしい市場経済のあり方

ここで，仮に上記のような阻害要因が政策によって除去された場合に現れてくるあたらしい市場経済のあり方を整理しておく。ただ，ここでは主にサプライサイドの変革を記し，ディマンドサイドの分析は後述することとしたい。

第一に，環境効率（eco-efficiency）や資源生産性（resource productivity）をベースとする競争が見られるようになる。環境効率とは，同じ量の環境負荷からどれだけの付加価値を生み出したかを示すものであり，資源生産性とは，同じ資源エネルギー投入からどれだけの付加価値を生み出したのかを測るものである。個々の企業の環境効率が改善したとしても，経済全体の環境負荷総量が抑制されるとは限らない。しかし，個別企業のレベルで個別に環境負荷総量を定めることはできない。そのようなことをすれば，新しい企業の市場への参入や若い企業が成長していくことが許されなくなり，民間企業の健全な競争が損なわれてしまう。したがって，個々の企業の段階では，環境効率が良い企業が長く市場で生き残ることとなり，環境効率の悪い企業が早く市場から退出することとなるよう，環境効率レベルでの競争が起こるように，誘導していくことが必要である。

第二に，モノを売るビジネスからサービスを売るビジネスへの移行・転換が見られ，生産者と消費者の関係が継続型のものに変化することとなる。モノを

売るビジネスでは，消費者が，そのモノを粗末に使い，すぐに飽きて，捨ててしまえば，儲かることとなる。このため，生産者側は消費意欲を喚起するためにさまざまなメディアを使って消費者に働きかけることとなる。このような消費行動によって生み出された廃棄物は，市町村が税金をもって処理してくれるので，生産者に痛みはない。このようにして，大量生産・大量消費・大量廃棄の経済社会が生み出されてきた。モノを売るビジネスでは，生産者と消費者との関係は販売時点の一度限りの関係であるが，サービスを売るビジネスでは，サービスを受ける期間や製品の使用期間を通じて継続される関係となる。つまり，サービスを売るビジネスは，インターネットのプロバイダーや電話会社型のビジネスであり，長期間顧客とつきあう形のものとなる。

第三に，地域分散的に発生する資源を活用するビジネスが地域を中心に起こっていくこととなる。自然エネルギーを活用するビジネス，建築物の修理・リフォーム・建設廃棄物のリサイクルに関するビジネス，農林業や食品業などから排出されるバイオマス資源を活用するビジネスなどさまざまな形で，地域的に発生する資源が活用されていくこととなろう。

(3) あたらしいコミュニティの構想
① 持続可能性とディマンドサイド

環境効率や資源生産性を高めるという観点，サービスを継続的に顧客に提供するビジネスへの転換という観点，地域の分散資源を活用するという観点のそれぞれがローカルな取り組みを求めることとなる。

このことを「穴を水で満たす問題」を考えることによって明らかにする[268]。

図6-5に示すようないくつかの穴を思い浮かべてみよう。これらの穴は，大きさも，深さも，位置も互いに異なっている。では，これらの穴に水を入れるとき，どのような方法がもっとも「効率的」だろうか。

単純な答えは，水を大量に入れる方法である（図6-6）。これを，洪水案と呼ぼう。この案は，もっとも時間的効率や労働効率が良い案といえる。この方法では，個々の穴の大きさ，深さ，位置を調べる必要がないからである。

---

[268] 本項は，倉阪秀史（2005）を発展させたものである。

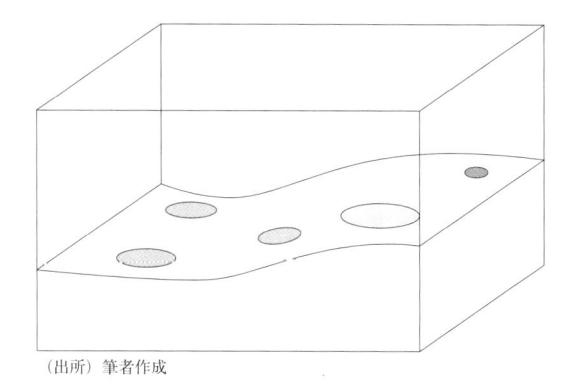

図6-5　穴を水で埋める問題

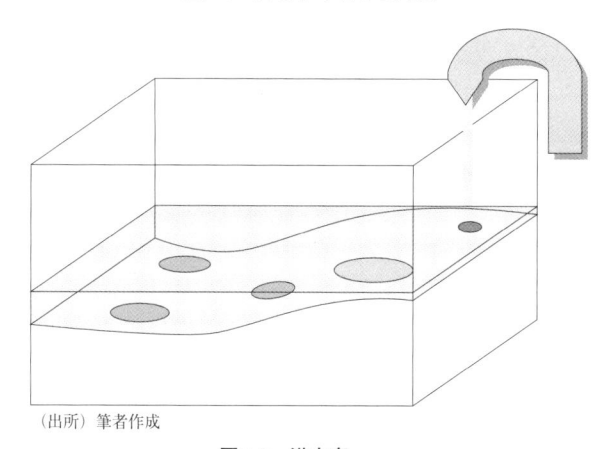

図6-6　洪水案

　洪水案は，もっとも資源効率的な解決案ではない。洪水をおこすためには，たくさんの水が必要となる。しかし，実は，この方法が，市場経済において個人のニーズを満たすやり方なのである。この場合，個々の穴が，個人の多種多様なニーズを示す。水は，製品を意味する。市場経済では，生産者は，通常，消費者の個人的な情報を持っていない。生産者は，消費者に向けて製品を注ぎ込むだけなのである。

　洪水案では，消費者は完全に受け身である。生産者だけが個人のニーズを満たすためのイニシアティブを持っている。生産者が行うことは，製品を作り出すことだけである。生産者は，作り続けなければならない。かくして，大量生

(出所）筆者作成

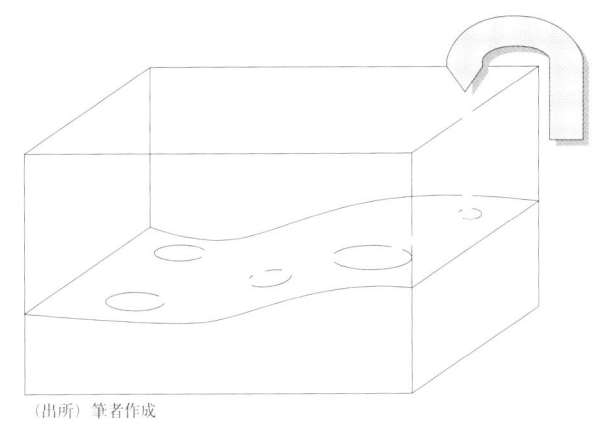

図6-7　水路案

産・大量消費型の社会が作られていったのである。

　では，どの解決案がもっとも資源効率的なのだろうか。図6-7が，その解決案を示している。この水路案では，穴と穴を水路でつないで水を流すこととしている。このようにすれば，水の量は最小になるはずだ。

　水路案では，製品は，必要とされる分だけしか生産されない。財とサービスは，個々の顧客に直接に提供される。これは，オーダーメイドの世界といえる。この世界では，生産者によって，個人のさまざまなニーズが考慮される。生産者は，新規製品を届けるだけではなく，既存の製品を修理したり，取り替えたり，リユースやリサイクルに回したりといったサービスを提供するようになるだろう。これは，サービスを売る経済のあり方をディマンドサイドからみたものということができる。生産者は，消費者と長期間にわたってつきあい，消費者から情報をもらいながら，消費者に応じたサービスを提供していくのである。

　この水路案に，地域的に発生する分散資源を活用するという視点を付け加えたのが，図6-8のような水路＋井戸案である。井戸は，地域の資源を表す。地域の資源には，人的資源（ケア，教育，娯楽など），物的資源（使用ずみ製品，再生資源，地域産品など），環境資源（風力，太陽光，森や湖など）が含まれる。資源効率性の観点からは，水路＋井戸案がもっとも優れているといえる。

(出所)筆者作成

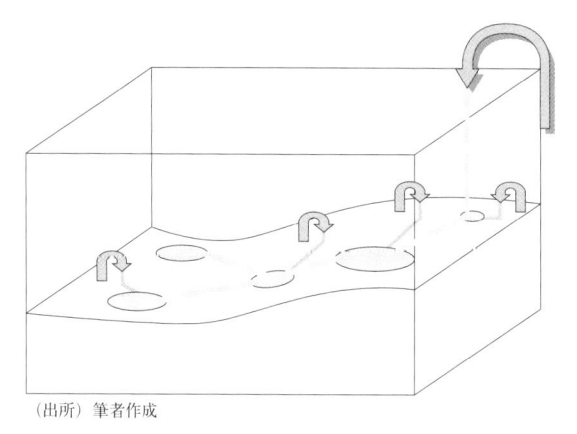

図6-8 水路＋井戸案

② 生活者と生産者を包含するサービス・ネットワーク・コミュニティ

先に，コミュニティとは，構成員がそれに対する帰属意識を有しているとともに，構成員同士が相互に個別に認識されているものであると述べた。市場経済の変革が行われ，生産者が消費者と長期間にわたってつきあう形になっていけば，サービスを媒介とした新しいコミュニティが生まれることとなる。この場合，消費者は身体に根ざした生活実体を有する存在であるので，「生活者」と呼んだ方がよいだろう。このような生活者と生産者の双方を包含するバーチャルなコミュニティを，サービス・ネットワーク・コミュニティと呼ぶことにしよう。

玉野井が指摘した生鮮食料品の地場流通は，顔の見える範囲で生産者と生活者が直接につきあう形のものであり，そこではサービス・ネットワーク・コミュニティが形成されているとみることができる。ただし，サービス・ネットワーク・コミュニティは，物理的に顔が見える範囲にとどまることはない。インターネットによるバーチャルなコミュニティであっても，生活者の声が直接に生産者に伝えられ，それに生産者が応答するものであれば，サービス・ネットワーク・コミュニティと呼ぶことができる。

今後，市場経済がサービスを売る形に変容していけば，生鮮食料品のみならず製品全般にわたって，サービス・ネットワーク・コミュニティを構想するこ

とができるのではないだろうか。その中で，身体に根ざした生活者の声が直接に生産者に影響を及ぼすという形で，本能的に根ざした持続可能性の確保という欲求が市場経済の独走に歯止めをかけていくことが期待される。

③　ローカルな資源を活用する地域コミュニティ

水路＋井戸案には，もうひとつのコミュニティが含まれている。それが，ローカルな資源を活用する地域コミュニティである。

水路＋井戸案を実現するためには，穴の位置を確認して水路を設計し，井戸を掘ってそれにつなげる役割をだれかが果たさなければならない。つまり，地域の個人的なニーズを認識し，地域資源を把握し，これらの需要と供給を引き合わせるという役割である。このような役割を果たすものが，地域コミュニティである。このコミュニティは，バーチャルなものではない。地域の生活の場に根ざしたコミュニティといえる。

地域コミュニティは，サービス・ネットワーク・コミュニティと提携することができる。サービサイズの障害として，先に，サービサイズの結果，販売後も顧客と長くつきあっていくことが求められるが今のビジネスにはそのような体制が整っていないことを指摘した。コミュニケーションはバーチャルに行うことができるが，修理サービス・アップグレードサービスなど具体的なサービスの提供は，各地域において行われる必要がある。このとき，各地域に自立した地域コミュニティが存在すれば，サービス・ネットワーク・コミュニティが，そのような地域コミュニティと提携して，サービスを提供するという可能性がある。

また，地域コミュニティは，分散資源の開発にあたって，経済外的な価値を与えることができる。先に，地域分散的に発生する分散資源は集中的に発生する集中資源に比べて経済性に劣ることがその開発にあたっての障害であると述べた。経済的な価値のみで分散資源を開発しようとすると限界があろう。地域の持続可能性を高めて生活に安心感を与えること，そのことを通じて地域コミュニティの帰属意識を高め，その事業に従事している人の生き甲斐を与えることなど，分散資源の開発にあたって経済外的な価値を与える主体として地域コミュニティが機能するのではないだろうか。

④ コミュニティに委ねられない事項

なお，コミュニティの機能を強化するといっても，つぎのような事項はコミュニティに委ねられない。第一に，個人の基本的な人権を保障することである。集団に帰属しない個人や，集団を移動する個人の人権が保障されなければならない。第二に，市場経済を規律する基本的なルールを設けることである。地域を越えて展開する市場経済を律するための制度化は，政府によって行われる必要がある。第三に，コミュニティが上記のイニシアティブを発揮できるような制度化を進めることである。地域格差を解消するための仕組み，ローカルなニーズをつなぐ仕掛けとしての地域通貨制度，各種コミュニティビジネスを活性化するための制度化などを，広域的な行政主体が進めていく必要がある。

(4) 政府の変革の方向

最後に，上記の議論を踏まえて，政府はどのように変わっていくべきかを考察しよう。

① 持続可能性の確保という新しい政策

前節の末尾において，環境サービスが持続的に供給されるようになるためには，民間企業の活動に対して，経済外的な要因によってなんらかの形で「制約」を設けることが必要であると述べた。

この政策は，私的な個人の「自由」な活動を確保して効率的な資源配分を確保するとともに，その「平等」を確保するために公平な所得分配を行うという，従来の政策目標とは異なる視点の政策となる。つまり，人間活動に必要な環境のサービスを将来にわたって維持することを内容とする持続可能性の確保という政策である。

さて，本節のこれまでの議論では，経済外的な要因による「制約」といっても，民間企業の利潤追求インセンティブを保持したまま，健全な民間の競争が環境負荷の低減に向かうように誘導していく性質を持ったものになることが明らかにされた。

これまでの議論においては，具体的には，つぎのような政策が求められることとなる。

第一に，環境負荷と経済的付加価値を切り離すための各種政策を行うことで

ある。物量情報が比較可能な形で流通するように制度化を行うこと，拡大生産者責任を貫徹させることなどの政策が含まれる。

　第二に，人間の経済活動を支える重要な環境サービスの持続可能性が確保できなくなる点を環境負荷の総量が超えないようにするための各種政策を行うことである。先に述べたように，環境効率の向上を目指す民間企業の競争が環境負荷総量の抑制につながるという保証はない。このため，政府が，環境負荷の総量と重要な自然資源の存続可能性を把握して，閾値を超えないように監視し，安全率を見込みながら環境負荷の総量を閾値の範囲内に抑制するためにインセンティブを与えていくことが必要である。なお，インセンティブの与え方については，問題事象に応じて，規制的手法，経済的手法，情報的手法，合意的手法，支援的手法といった各種の手法を組み合わせることとなろう[269]。

　第三に，持続可能性を支えるコミュニティを育成し，支援していくための各種政策を行うことである。サービス・ネットワーク・コミュニティや地域コミュニティが自律的に発展していくために，その発展の障害となる事項を取り除いていくための政策を行う必要がある。

② 補完性原理にもとづく地方分権の必要性

　環境負荷総量の抑制に関する政策は，国家単位で行われるとは限らない。地球温暖化の抑制といった問題の監視については，国家を超えた連携が必要であろう。一方，重要な自然資源の中にはローカルな管理を必要とするものもあろう。

　また，持続可能性を支えるコミュニティを育成支援していくという政策についても，同様である。製造業のビジネススタイルを変えていくための政策は，国家単位で行われる必要があろう。一方，地域コミュニティの支援のための政策はローカルな対応が必要である。

　基礎自治体でできることは基礎自治体に委ねるべきという補完性原理に照らして考えれば，これらの地域的な対応を行う役割を基礎自治体が十分に果たすことができるように，地方分権を進めていくことが必要である。

③ 税財政改革の必要性

　政策を実施するうえで，可能な限り役人個人の裁量に当たる部分を少なくし

---

[269] 倉阪秀史（2004）第3部各章参照。

ていくことが必要である。裁量に当たる部分が増加すると，どうしても行政的な非効率が発生してしまう。

環境負荷総量と経済的な付加価値を切り離すという政策をルール化していくために，税財制のあり方まで踏み込んだ検討を進めることが必要である。

これまでの税制は，利潤や所得といった経済活動の成果をたくさん生み出した者からたくさん税金を取るという形の税制を基本としていた。この背景には，税金は納税力のある者から取るという応能論がある。

応能論は，貨幣価値で評価した経済活動の成果に着目して課税しようとするものである。しかし，この場合，経済活動を活発に行っていても利潤が出なければ税金を納めなくともよいこととなる。

今後は，応因論にもとづく課税を導入していくことが必要ではないか。つまり，資源をたくさん使ったり環境負荷をたくさん生み出したりした者から税金を多く取るという形の税制である。資源エネルギーの消費量や環境負荷の発生量が比較可能な形で把握できるようになれば，これらが経済活動の規模の外形標準としてもっとも適切なものとして認識できるのではなかろうか（応因論課税については，次章で詳述する）。

そして，これにより，環境負荷総量に関する自動調整機能（ビルトイン・スタビライザー）を作り出すことができる。つまり，環境負荷の大きな企業の業績が伸びていった場合には，経済全体の納税額が多くなり，景気をさます方向で機能することが期待できるのである。

④ 市民参加のしくみの制度化の必要性

さて，以上のような政府の変革をもたらすものはなんだろうか。

そもそも，政府は，課税権を持ち，活動のための収入基盤を制度的に保証されている存在である。このため，政府は，民間主体よりも低い割引率を適用して，長期的な視野で物事に取り組むことができる。「国家百年の計」とも言うように，政府には，従来から，民間企業の時間的な視野をはるかに超えた政策を行うことが期待されているはずである。

しかしながら，現実には，政府の役人は人事異動により数年間で職場を変わることが通例であり，大臣や首長も選挙が実施される時間的視野などに束縛されてしまう。議員についても同様である。また，政府には，行政区分があらか

じめ分野的・地理的に与えられており，その範囲を超えた政策を実施することが難しくなる傾向にある。このために，政府が自ら変化することには限界がある。

したがって，具体的な問題に特化し，長期にわたって，専門的な知識と正確な情報を蓄積しつつ，市民の声を踏まえながら，合理的な政策提言を行う民間非営利セクターの存在が重要になる。また，これらのセクターの政策提言を受け入れるために，政府の政策決定における市民参加のしくみをさまざまな形で制度化していくことが必要である。

(5) 世代内の公平を確保するために

最後に，世代内の公平を確保するためのヒントについて略述することとしたい。

従来，先進国と発展途上国という区分が用いられてきた。たしかに，物質的に今の個人の快楽を満たすという観点からは，先進国の人々は発展途上国の人々よりも，豊かな生活を営んでいる。

しかし，将来にわたっての持続可能性を確保するという視点でみてみると，「先進国」と考えられていた地域が実は劣っているという状況にあるのではなかろうか。つまり，地域の再生可能資源によって，遠い将来にわたって地域の人口を支えることができる地域が，持続可能性という観点からは「先進的」な地域といえるのである。このような地域は，自然が豊かで人口の少ない地域であろう。

人間の欲求には，今の個体の欲望を満たすという欲求と，将来にわたって種族を維持するという欲求の二種類がある。後者の欲求を満たす場所として，現在の「先進地域」がかならずしも適切とはいえない。このため，まず，地域の再生可能資源によって，将来にわたって人口を支えることができる地域を「永続地帯」として同定し，その地域の拡大を公的に図ることを提唱したい。これによって「二方向の発展」が見えるようになれば，化石燃料などの供給可能性に関する不安が表面化していくにつれて，「新しい発展の方向」を選び取ろうとする動きが強くなっていき，人口や資本の動きも変わってくるのではないだろうか。

第7章

「経済ルール」を再考する

　最終章では，新しい経済のルールのあり方を検討する。まず，汚染者と受益者に動機付けを行う経済ルールについて検討する。つぎに，人工物の設計者に対して動機付けを行う経済ルールについて検討する。最後に，エコロジカル税制改革について検討する。

1. 汚染者と受益者に動機づけを行う経済ルール

(1) 経済活動の物理的規模を抑制する動機づけの必要性

　環境は，資源の供給源，不要物の吸収先，生活の場の提供の三つの側面から，人間の経済を支えている。これらの「環境の恵み」が将来にわたって維持できないこととなると，人間の経済の持続可能性に影響する。そして，地球温暖化問題に象徴されるように，地球規模の環境の限界が顕在化してきており，可能な限り少ない資源の消費と少ない不要物の排出で人間の経済を営む努力が求められている。これは，言い方を変えれば，経済活動の物理的な規模を適正な大きさに維持する努力が求められているともいえる。

　たとえば，2005年に発効した京都議定書は，二酸化炭素の排出量で測った経済の物理的規模を抑制しようとする取り決めということができる。また，2003年に閣議決定された循環基本計画では，資源投入量当たりの付加価値額で測られる資源生産性を政策目標の一つとして掲げている。より少ない資源投入でより多くの付加価値を生産する努力が求められる時代になったのである。

　これは，あらたな政策課題である。今の政策は，市場の機能を発揮させて資源の効率的な配分を確保するという課題（独占防止，私的財産の保護など），

所得の再配分を行い所得の公平な分配を確保するという課題（累進課税，社会保障など）に加えて，経済の物的規模を持続可能な範囲に収めるという課題にも対応しなければならないのである。

さて，経済活動の物理的な規模を可能な限り少なくしつつ，人間の経済を営もうとするならば，個々の企業や家計が経済的な意思決定を行う際に，その意思決定によってどれだけの資源を使って，どれだけの不要物が排出されることとなるのかを，併せて勘案するようになる必要がある。

別の道としては，政府が経済の物的側面をすべて掌握して，物的規模をコントロールする配給経済を想定しうるが，それは妥当でもなく，実行可能でもないだろう。より少ない資源投入でより大きな付加価値を目指すという新たな政策課題は，民間主体の健全な競争を通じて実現されなければならない。

そして，民間主体が自主的に資源の消費量や不要物の排出量をできる限り削減しようと思うようになるためには，資源の消費量や不要物の排出量に応じて適正な経済的負担が発生するルールとすることがもっとも有効である。

この点について，別の方法としては，政府が規制を行うという方法が想定できる。資源の消費量や不要物の排出量について，一定の基準を定め，その基準を満たしていない経済主体には罰則を与えるという手法である。対象となる環境問題の様態によっては，規制的手法が経済的手法よりも望ましい場合がある。たとえば，普通の主体はおよそ行わない種類の行為であれば禁止してしまうという選択もできよう。また，問題が極めて短期間で顕在化し緊急の対応が必要な場合にも行為規制は正当化されるかもしれない。

しかしながら，二酸化炭素の排出量をできる限り削減することや，廃棄物ができるだけ発生しないようにすることという課題は，このいずれの場合にも該当しない。これらの課題は，通常の社会経済活動の中で，遠い将来のことを考えながら，できる限り少なくしていこうという性質のものである。このような性質のものについて，政府が行為規制を実施することは困難である。

以上のような流れから，二酸化炭素や廃棄物の量の増大といった問題に対応するために，量に応じた経済的負担を求めるというルールが求められているのである。これは，税収を目的とするものではなく，環境への負荷をできるだけ少なくするように誘導する目的で行われるものである。

(2) 環境基本法と経済的負担措置

1993年に制定された環境基本法では，第22条第2項に，誘導目的の経済的負担措置が規定されている。この条文では，「負荷活動を行う者に対し適正かつ公平な経済的な負担を課すことによりその者が自らその負荷活動に係る環境への負荷の低減に努めることとなるように誘導することを目的とする施策が，環境の保全上の支障を防止するための有効性を期待され，国際的にも推奨されている」という認識を示し，このことにかんがみ，国は，「その措置を講ずる必要がある場合には，その措置に係る施策を活用して環境の保全上の支障を防止することについて国民の理解と協力を得るように努めるものとする」と規定している。

22条2項は，環境基本法の制定当時，炭素税を懸念する産業界と通商産業省（当時）の意見で，さまざまな留保条件が書き加えられた条文であるが，やる必要があるときにはやるという内容が規定されているものである。誘導目的で経済的負担を求める措置が財産権を保証する憲法に抵触しないかどうかという論点があるが，環境問題の様相の多様化とそれに伴う規制的手法の限界について内閣法制局に説明し，その了解を得て規定したものであり，この論点は行政内部においては解決ずみとなっているところである[*270]。

(3) 環境への負荷の原因者に対する課税

環境基本法22条2項では，経済的負担は「適正かつ公平」であるべきとされている。では，この場合の「適正かつ公平」とは，具体的にはどのような内容なのだろうか。

伝統的な租税理論は，租税の負担能力に応じて課税するという応能原則にもとづくものでる。インセンティブ課税も，たくさんの負荷を出している者は本来支払わなければならなかった費用（負荷が出されることに伴う社会的費用）を負担せずに不当な利得を得ているので，その利得に着目して行うものだと解釈すれば，応能原則の範囲内に位置づけられるかもしれない。しかし，不法投棄を行う産業廃棄物処理業者のように，大きな環境負荷を出していながら零細

[*270] 本法制定当時，筆者は，環境庁環境基本法制準備室にて，この条文を担当した。

な企業というものも数多く存在する。たくさんの環境負荷を出しているからといって，不当な利得をため込んで儲けているということはできない。したがって，インセンティブ課税を応能原則の範疇に収めることは困難であろう。

環境への負荷の大きさに応じて課税するということは，一種の応因原則といえるだろう。応因原則にもとづく経済的負担としては，従来から，公共事業の原因となった者がいる場合に，その事業費の全部又は一部を負担させるという制度がある。たとえば，公害防止事業費事業者負担法においては，公害を防止するために工場周辺に緑地帯などを公的に設置する場合には，その事業費の全部または一部を当該工場に負担させるしくみとしている。このような原因者負担は，環境基本法37条にも，公的事業主体により実施される事業について，その事業の必要を生じさせた者にその事業の実施に要する費用の全部または一部を適正かつ公平に負担させることとして規定されている。

しかし，環境への負荷を出している者に負荷量に応じた負担を求めるということは，財政需要の原因となった者にその原因の程度に応じて負担を求めるという意味での応因原則ではない。環境負荷の原因となった者にその原因の程度に応じて負担を求めるという意味での応因原則である。

財政需要の原因者に負担を求めるという考え方ならば，「適正な」税額は当該財政需要の額によって決められることとなるが，環境負荷の原因者に負担を求めるという考え方ならば，「適正な」税額は当該課税によって十分に環境負荷が減少するかどうか，つまり，どの程度のインセンティブが生まれるかによって決められることとなる。また，環境負荷の原因の程度に応じて負担を求める場合，環境負荷という物量を課税標準として，その量に応じて税額が変わることが「公平」であるということになろう。

この政策は，所得の公平な分配を実現するという政策目的のために，累進課税という形で租税を活用していることに類似している。経済の物的規模を持続可能な範囲に収めるという新たな政策目的を実現するために，環境への負荷に応じた課税を導入するという関係になる。

(4) 環境の恵みの受益者に対する課税

一方，環境税として検討されているものの中には，森林環境税のように「受

益」に関して課税しようとするものもある。

　前項では，原因者に負担を求める場合，財政需要の原因か環境負荷の原因かを峻別することが必要である旨を指摘した。受益者に負担を求める場合においても，二つの形の「受益」を区別して議論することが必要となろう。

　第一の意味の「受益」は，公的主体が行う施策や事業による受益である。たとえば，環境基本法38条では，受益者負担は，国及び地方公共団体が，自然環境の保全のための事業の実施により著しく利益を受ける者がある場合に，その者にその事業の実施に要する費用の全部又は一部を負担させることとして規定されている。このように，公的主体の施策や事業による受益という考え方に立てば，そのような施策や事業に要する費用を受益者に負担させるという発想となり，財源調達を本質とする従来型の課税となる。

　第二の意味の「受益」は，環境からの受益である。たとえば，森林がそこにあることによって水源が涵養され，きれいな飲料水が豊富に得られる場合，この場合の受益は，森林という環境から便益を得ているのである。このような環境の恵みが，人間の労力をなんら必要とせずに得られるものであるならば，受益者が負担してなにかをする必要はない。しかし，環境の恵みを維持するために人間の労力が必要であるとすると，このような環境の恵みの受益者は受益に応じてその労力を提供すべきであるという規範が生まれることとなる。

　そして，環境の恵みの受益者に対する課税は，財源調達を目的としないインセンティブ課税となる。環境への負荷の原因者に対する課税が負荷を低減する行動を誘導するために行われるものであることと同様に，環境の恵みの受益者に対する課税は，環境の恵みを維持するための労力を提供するという行動を誘導するために行われるものとなるのである。

　この場合，受益者から税金を取り立てただけでは施策は完結しない。課税によって得られた収入を原資として環境の恵みを維持するために行われる市民の活動に資金を提供する施策と一体のものとして課税を仕組む必要があろう。たとえば，森林の恵みの受益者となる者に対していったん一律に負担をさせて，実際に，森林の維持のための作業を行った人に補助を行うという一連の政策を行うことが合理的なのである。

2. 人工物の設計者に対する動機づけを行う経済ルール

(1) 製品廃棄物の処理責任についての従来の経緯

　廃棄物については，もともと伝染病の防止といった観点から市町村に処理責任が負わされていた。1970年の廃棄物処理法の制定の際に，産業廃棄物と一般廃棄物という区分が創設され，事業活動から発生する産業廃棄物については事業者に処理責任を負わせることとなった。これは，産業が発達してさまざまな廃棄物が発生するようになり，市町村がすべての廃棄物を処理することができなくなったためである。しかし，製品廃棄物をはじめとする一般廃棄物は，なお市町村が処理責任を負ったまま現在に至っている。

　1970年代にOECD（経済開発協力機構）によって提唱された汚染者負担原則は，国際貿易上のゆがみを防止するために，汚染の防除費用は「汚染者」に支払わせるべきであり，政府が肩代わりしてはならないという原則である。日本では，製品廃棄物について市町村が税金で処理をすることは，ナショナルミニマムの確保のために必要であり，汚染者負担原則の例外を構成すると説明されてきた。1976年の中央公害対策審議会費用負担部会「公害に関する費用負担の今後のあり方について（答申）」では，「国民の生活水準をそのようなレベル（ナショナルミニマム＝「国民が一定のレベルの生活を営むために必要な最小限のサービスの供給水準」）において維持するために行われるサービスの供給，たとえば，通常の家庭廃水や一般廃棄物の処理等は，ナショナルミニマムとして行政主体が行うことが求められている」として「この場合公費による負担を行うことも是認されよう」と述べている。つまり，当時は，製品廃棄物の処理は，国民に対して行政が確保すべき必要最小限のサービスであると認識されていたのである。

　しかしながら，廃棄物の発生抑制が必要であると認識された1990年代前半以降，このような考え方が見直されつつある。1993年に制定された環境基本法では，事業者の責務として，製品その他の物が使用され廃棄されることによる環境への負荷の低減に資するように努める責務（8条4項）が定められるとともに，国民の責務として，環境の保全上の支障を防止するため，その日常生

活に伴う環境への負荷の低減に努めなければならないことが定められた（9条1項）。当時，日常生活に伴う環境への負荷の典型例として，二酸化炭素と並んでごみ（一般廃棄物）による環境への負荷が想定されていたところである。このように，環境基本法において，製造事業者も，国民も，廃棄物による環境負荷の削減に対して一定の責務を負うべきことが定められた。

　この考え方は，より詳しくした形で2000年の循環基本法にも引き継がれている。循環基本法では，事業者が，その製品，容器等が廃棄物等となることを抑制するために必要な措置と，製品，容器等が適正に循環的な利用が行われることを促進し，その適正な処分が困難とならないようにするために必要な措置を講ずる責務を規定する（11条2項）とともに，「当該製品，容器等に係る設計及び原材料の選択，当該製品，容器等が循環資源となったものの収集等の観点からその事業者の果たすべき役割が循環型社会の形成を推進する上で重要であると認められるもの」について，「当該製品，容器等が循環資源となったものを引き取り，若しくは引き渡し，又はこれについて適正に循環的な利用を行う責務を有する」ことが規定された（11条3項）。また，「循環資源であって，その循環的な利用を行うことが技術的及び経済的に可能であり，かつ，その循環的な利用が促進されることが循環型社会の形成を推進する上で重要であると認められるもの」について，当該循環資源の循環的な利用を行うことができる事業者に対して，適正に循環的な利用を行う責務を規定している（11条4項）。

　国民についても，「製品等が廃棄物等となることを抑制し，製品等が循環資源となったものについて適正に循環的な利用が行われることを促進するよう努める」責務（12条1項）と，11条3項に規定する製品，容器等について，「事業者に適切に引き渡すこと等により当該事業者が行う措置に協力する責務」（12条2項）が規定された。

　以上のように，循環基本法において，「当該製品，容器等に係る設計及び原材料の選択，当該製品，容器等が循環資源となったものの収集等の観点からその事業者の果たすべき役割が循環型社会の形成を推進する上で重要であると認められるもの」に限定した形ではあるが，消費者が事業者に引き渡し，事業者が循環利用を行う旨の責務規定が備えられたが，廃棄物処理法においては，未だ，一般廃棄物は市町村が処理責任を負うこととされている。このように，わ

が国においては，現在のところ製品廃棄物の処理について責務規定と責任規定が乖離している状況にある。

(2) OECDの拡大生産者責任論

国際的にはOECDによって拡大生産者責任（Extended Producer Responsibility）の考え方が提唱されている。

従来の環境政策における負担論は，汚染者負担原則を基本としてきた。しかし，汚染者負担原則においては，製品が使用され廃棄された段階で発生する環境影響を防止し，除去するための費用をだれが負担するのかが明確にされていない。つまり，ごみを出す「消費者」が汚染者か，ごみのもととなる製品を作っている「生産者」が汚染者かが分からなかったのである。

この点を明確にしようとするものが，拡大生産者責任である。2001年にOECDが公表した「拡大生産者責任——政府のためのガイダンスマニュアル」（以下ガイダンスマニュアル／GM）は，拡大生産者責任を，「製品に対する生産者の責任をその製品のライフサイクルの中で消費後の段階にまで広げる環境政策のアプローチである」と定義している。そして，拡大生産者責任の政策に関する二つの特徴として，1) 市町村の責任（物理的責任and/or経済的責任，全部または一部）を生産者に向けて上流にシフトすること，2) 製品の設計に環境保全上の考慮を含めるよう生産者にインセンティブを与えることを挙げている。

ガイダンスマニュアルでは，拡大生産者責任は「従来製品価格に含まれていなかった製品のライフサイクルにわたる環境コストを製品価格に反映させるための手段」（GMpp.17-18）であると述べられている。また，「拡大生産者責任の主たる機能は，地方公共団体と一般納税者から製品の生産者に，廃棄物の処理・処分に係る財政的・物理的な責任を移すことである。そうすれば，処理・処分に関する環境コストは，製品価格に含まれることとなろう。これにより，製品の環境影響を真に反映し，消費者がそれにしたがって選択を行える市場を生み出す条件を作り出すのである」（GMp.18）とも述べられている。このように，ガイダンスマニュアルは，製品の環境コストを製品価格に含ませることによって，環境コストを考慮した生産・消費行動を生み出そうとすることを，拡

大生産者責任の意義と位置づけている。

　また，ガイダンスマニュアルは，拡大生産者責任は「消費後の環境影響に伴う外部性を内部化するための手段である」(p.17) としている。製品を生産するためにその生産者が負担しなければならない費用には，人件費，原材料費，設備費などがある。これらは，生産者自身が負担しているものであり，内部費用といえる。一方，製品の生産に伴って，生産者以外の主体が負担しなければならなくなる費用が，外部費用である。仮に，この製品が健康被害をもたらすようなものであれば，当該医療費は外部費用となろう。そして，どんな製品であっても，廃棄物にならない製品はないことを考えれば，廃棄物処理費用はすべての製品に共通する外部費用ということになる。拡大生産者責任は，この点に着目して廃棄物処理費を内部費用化する制度を設けることを提唱している考え方であると解釈することができる。

(3) 拡大生産者責任論に関する理論的検討

　拡大生産者責任論は妥当だろうか。検討すべき第一のポイントは，税金によって製品廃棄物を処理するか否かということである。第二のポイントは，プロダクトチェーンの関係者（生産者，流通業者，消費者など）のうちどの者に一義的支払を求めるかということである。

① **税金によって製品廃棄物を処理すべきか**

　政策を講じない場合は，製品廃棄物の処理費用は税によって賄われている。この場合，製品廃棄物の処理費用は，当該製品を生産することに伴って必要となる費用であるが，生産者の私的な費用には含まれていない。したがって，当該製品を生産することの社会的限界費用は，少なくともこの製品廃棄物処理費用分は，私的限界費用より大きくなる（仮に，廃棄物処理に伴う環境影響などを勘案するとさらに社会的費用と私的費用の乖離は大きくなる）。したがって，図7-1に見るように，この生産物は，最適生産量を超えて生産が行われることとなる。このことから，理論的には製品廃棄物の処理費用を税によって賄うことは望ましくないと結論づけることができる。

② **最適生産を導くために必要となる経済的負担額**

　さて，最適生産を導くために必要となる経済的負担の額は，図7-2の斜線部

```
          価格 │消費者の限界支払    社会的限界費用曲線(SMC)
               │    意思額曲線          (kg当たり「処理費」一定)
               │
               │              私的限界費用曲線(PMC)
               │
            p  │─────┐
               │      │    D-D   廃棄物の処理費用は税によって
               │      │          社会的に賄われている。
               │      │          最適生産量  B
               │──B─A──────── 生産量 （ABだけ過剰生産）
```

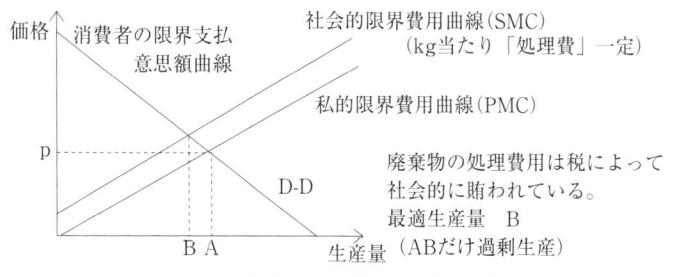

図7-1　税金による製品廃棄物の処理

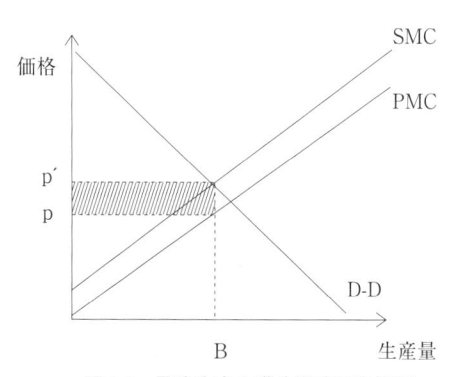

```
          価格 │                           SMC
               │
               │                         PMC
               │
            p' │       ╱╱╱╱╱╱
            p  │
               │                         D-D
               │
               │──────────B──── 生産量
```

図7-2　最適生産を導く経済的負担額

分の面積に示すとおりである。つまり，この製品の生産1単位当たり $p'-p$ 分だけ余計に（社会的）費用がかかっているので，その費用をなんらかの形で私的に認識する（プロダクトチェーンの関係者で負担する）ことによって，最適生産が導かれることとなる。

③　**生産者に払わせるか消費者に払わせるか**

　前項で検討した経済的負担について，1）生産者が市場に当該製品を出荷する際に支払う場合，と2）消費者が使用済みの当該製品を廃棄する際に支払う場合の双方がありうる。拡大生産者責任の考え方は，1）を求める立場をとる。なお，GMでは環境コストを製品価格に反映させることを想定しており，この「支払い者」は最終負担者ではないので，以下，一義的支払者と呼ぶこととする。

　さて，このとき，だれを一義的支払者とすべきかに関しては，つぎのような

議論がある（倉阪（2000）より）。

1）応能・応益・応因基準　応能・応益・応因基準では，以下の議論にみるように，一義的支払者を消費者とするか生産者とするかにかかる明確な示唆が得られない。

〈(a) 応能論〉　負担能力に着目し，一番負担能力のある者を費用支払者とする考え方である[*271]。プロダクトチェーンの中で誰が一番負担能力があるかを判定することは困難なことではない。ただし，たまたま，負担能力の大きな者がプロダクトチェーンにいたからといって，その者を一義的な費用支払い者とすることは妥当だろうか。また，価格を通じてプロダクトチェーンの他の経済主体に転嫁されることを考えれば，費用支払者が一番負担能力を有するものでなければならないという理由はない。

〈(b) 応益論〉　環境への負荷を発生させたことによって「特別の利益」を受けた者から，その利益に応じて費用負担を求めるという考え方である。この考え方の難点は，消費・廃棄後の環境負荷の発生によって，だれがどの程度「特別の利益」を得たかをどのようにして判定するのかが分からないという点である。とくに，利益を非金銭的な便益にまで拡張して考えた場合には，消費者は製品の消費によって便益を得ている者であり応益論に従って支払いを求めるべきであるという議論も成り立つだろう。

〈(c) 応因論〉　環境への負荷を発生させる原因となった者から，その原因となった程度に応じて費用負担を求めるという考え方である。製品は消費者が欲するために生み出されるのだという考え方に立って応因論を適用すれば，消費者が支払うべきこととなる。一方，製品生産のイニシアティブは生産者にあるという考え方に立って応因論を適用すれば，生産者が支払うべきという結論となろう。この議論は水掛け論に終わる可能性が高い。

2）費用最小化（効率最大化）基準　なんらかの費用を最小化する（効率を最大化する）支払い策がもっとも望ましいという基準に立てば，生産者を一義的支払者とするほうが秀でていると考えられる。

〈(a) 回避費用最小論〉　環境への負荷の発生を回避するための費用がもっと

[*271]　植田和弘（1996）p.152 など。

も安価である経済主体を費用支払者とすべきという考え方である[*272]。製品に関する技術的能力・情報・知識，製品設計における選択可能性などを勘案すると，製品の設計を改善するためには生産者を費用支払者とすることが適切であるという議論が成り立つ。また，この議論の系として，環境負荷の発生を回避するための技術開発をもっとも促進することができる経済主体を費用支払者にすべきという議論も成り立つ。

〈(b) 徴収費用最小論〉 費用を徴収するコストが最も安価な段階で費用支払いを求めるべきであるという考え方である。徴収対象となる主体の数が少なく，確実に捕捉できる方が，徴収コストが安くなろう。このとき，製品が流通過程の中で分散していくにつれて，徴収対象主体が増加し，徴収コストが高くなるため，製品を市場に出す段階で価格に上乗せすることがもっとも適切という議論が成り立つ。

〈(c) 副次的影響最小論〉 副次的に発生しうる悪影響を最小にする段階で費用支払いを求めるべきという考え方である。副次的影響としては，所得分配への影響，不法投棄への影響，国際貿易への影響の三つの視点が重要であろう。

第一に，所得分配への影響は，価格の変化に応じて製品の需要がどのように変化するかに従って変わってくる。仮に，価格が上昇してもまったく製品需要が減少しない場合には，負担のすべてが消費者に転嫁されることとなろう。一方，価格が上昇したことによって，当該製品への需要がなくなってしまえば，負担のすべてが生産者によって担われることとなる。

このように，製品需要の価格弾力性が小さい製品については，消費者の負担分が結果的に大きくなり，製品需要の価格弾力性が大きい製品については，生産者の負担分が結果的に大きくなるということがいえる。

価格が上昇しても製品需要にあまり変化がない場合というのは，その製品を代替する製品などが少なく，消費者の生活に不可欠な場合である。この場合は，生産者は廃棄物処理費用を製品価格に上乗せしやすい。このような場合には，低所得者層に対する所得分配上の影響を緩和するための施策を別途講ずる必要がある。

[*272] 大塚直（1997）p.41 注18 など。

一方，価格の上昇に伴い製品需要が大幅に減少する場合というのは，その製品を代替する製品が存在したり，そもそも消費者に求められていなかったりする場合である．この場合は，生産者は製品価格に上乗せしにくい．

　事業者が拡大生産者責任に反対する論拠として，製品価格に上乗せできないというものと，低所得者層に影響する可能性があるというものの双方が用いられる場合があるが，互いに並び立たないことに留意すべきである．

　第二に，不法投棄への影響をみると，廃棄物の排出時に支払いを求める方が，製品価格に上乗せする形で支払いを求めるより，不法投棄を誘発しやすい．したがって，この観点からは，生産者を一義的支払者とすべきとの結論となる．

　第三に，国際貿易への影響は，廃棄物の排出時に支払いを求める方が少ない．つまり，他の国で同様の措置が講じられていないと仮定すると，価格に処理費用を上乗せした製品が輸出される場合および価格に処理費用が上乗せされていない製品が輸入される場合の双方で，国際貿易上の歪みが生ずることとなる．ただし，拡大生産者責任が世界標準となった場合には，逆に，価格に処理費用を上乗せしないことが国際貿易上の歪みを生むこととなる．つまり，この観点からは，国際標準の動向次第で望ましい一義的負担者が変化することになる．

〈(d) 物的資源効率最大論〉　資源・エネルギーの利用効率を最大化できる段階で費用支払いを求めるべきという考え方である．いったん物理的改変が行われた後では，仮に当該改変前の状態に復元できたとしても，そのためには人間にとって利用可能なエネルギーを他の場所から取り入れることが必要であり，総体として利用可能なエネルギーはかならず減少する．このため，もっとも自由度の高い段階，つまり製品の設計を決定する段階で当該製品のライフサイクルにわたる環境影響を考慮させることが，資源・エネルギーの利用効率の最大化のために必要である．したがって，製品設計の決定者に対して製品のライフサイクルにわたる環境影響の発生に伴う費用支払いを求めることが適切であるという議論が成り立つ．

〈(e) 小括〉　以上の議論を比較表にまとめると表7-1のようになる．生産者支払つまり拡大生産者責任論が優位に立っていることが分かる．

　ガイダンスマニュアルにおいては，設計段階へインセンティブを与えることが拡大生産者責任の主眼であると記述されている．たとえば，「生産者は，知

表7-1 比較表

	生産者支払	消費者支払
回避費用最小論	○	×
徴収費用最小論	○	×
副次的影響最小論		
所得分配への影響	△	△
不法投棄への影響	○	×
国際貿易への影響	△	△
物的資源効率最大論	○	×

識と経験に基づき，製品を変えるうえで，プロダクトチェーンの他の主体より，よいポジションを占めている」(GM p.54) という記述などに，この考え方が現れている。おそらくその背景には，回避費用最小論，物的資源効率最大論といった考え方が存在するものと思われる。

④ 市場は十分に機能するか

さて，消費者が支払っても，市場が十分に機能すれば，設計段階へのインセンティブが生ずるという議論もありうる。

一義的支払者が消費者（排出者）の場合に，設計段階へのインセンティブを生み出すためには，以下の条件が満たされる必要がある。

(a) 廃棄物の排出時に，排出量に応じた費用支払を消費者に求めること。

(b) 消費者が，製品の購入時に，製品価格に排出時支払額を上乗せした額（真の支払額）を想定して行動することによって買い控えること（このためには，次のaとbの条件が満たされることが必要である。a購入時に排出時支払額を消費者に明示すること，b消費者が未来の段階での支出を軽くみないこと）。

このとき生産者は，真の支払額分（製品廃棄物の処理費）を引き下げ，買い控え分を最小限にするために，設計を変更するインセンティブを与えられる。

一方，一義的支払者が生産者（設計者）の場合には，以下の条件となる。

(c) 製品の蔵出し段階で，生産者が，排出量に応じて支払うこと。

(d) 製品の価格が支払額の分だけ上昇することにより，あまり売れなくなって最適生産量が実現すること。

このとき生産者は，支払額を引き下げるために，設計を変更するインセンテ

ィブを与えられる。

　いずれのケースにおいても，なんらかのインセンティブが設計段階に生ずることには代わりはないが，(b) の条件が満たされるかどうか，(d) の条件が満たされるかどうかによって，解釈が異なることとなる。消費者の消費行動の中で，購入時と廃棄物排出時がずれているため，(b) の条件が満たされることは，(d) の条件が満たされることより困難であると考えられる。

　この点について，ガイダンスマニュアルでは，「拡大生産者責任は，廃棄物が発生した段階で適用される政策によって引き起こされる価格上昇が，適切なシグナルを伝達することに期待するよりも，責任を負わせることを通じて適切なインセンティブを与えて，シグナルを伝達しようとするものである。このことは，生産者から消費者までのチェーンが長く，生産・流通・消費の垂直的統合に弱く，市場が完全ではない場合に，特にあてはまる」(GMp.21) としている。実際には市場は完全ではないため，拡大生産者責任論が当てはまる場合が多いのではなかろうか。

(4) 拡大生産者責任論の射程

　拡大生産者責任は，製品に関する支払い原則として構想されてきた。魚からも農作物からもごみは発生するが，これらは生産者（この場合，漁民や農家）が設計しているわけではない。したがって，通常，魚や農作物自体について拡大生産者責任を適用することは妥当ではない[273]。このように，拡大生産者責任は，設計されるものに適用されるといえる。

　また，拡大生産者責任において，生産者に経済的責任を求める場合，つまり，廃棄物処理費用のみを負担させることとする場合，製品の廃棄に伴うすべての廃棄物処理費用の実費を対象とすると不都合が生ずる。

　廃棄物処理費用[274]は，消費行動によって変動する。このとき，消費者が製

＊273　この整理は，製造物責任（PL）に関する議論の援用である（倉阪（2004）132-133頁参照）。農作物などを入れる容器包装は，拡大生産者責任の対象となる。また，遺伝子組み換え作物などの人為が介在している場合には，それが環境負荷の増大に有意に影響を与えている限りにおいて，対象となりうるであろう。
＊274　以下，廃棄物処理の概念の中には，廃棄物の循環利用という概念を含むものとして記述している。

品を改造したり，飲料容器に油などを入れてしまったりして分別費用が増加した場合など，生産者が意図しない形で消費者が製品を使用することによって増加する廃棄物処理費用まで，生産者に負担させることとすると，これらの不適切な消費行動を防止することができなくなる。

また，廃棄物処理費用は，廃棄物処理の効率性によっても変動する。このとき，効率的に廃棄物処理が行われずに，必要以上に廃棄物処理費がかかってしまった場合に，その全額を生産者につけまわしすることとすると，処理主体において効率的に処理しようとする動機づけがなくなることとなる。

なお，耐久消費財のように，市場に出される時点から廃棄される時点までかなりの年月が経過するものについては，その間に廃棄物処理技術が変化する場合もあろう。この場合には，処理技術の変化を事前に予見することは難しくなる。

したがって，拡大生産者責任において，あらかじめ生産者に支払いを求め，価格に上乗せされるべき処理費用の範囲は，①使用・廃棄に関する生産者の注意表示に従い，通常予見される使用形態で使用された結果，通常期待される耐用年数で排出されるであろう廃棄物について，②当該製品を引き渡した当時の知識・技術水準で仮に処理したとした場合にかかる費用とすることが妥当である[275]。

さて，この費用が具体的にどの程度の大きさであるかは，なんらかの形で社会的に決定されなければならない。各生産者にこの費用の決定を委ねることはできない。仮に，各生産者に委ねてしまえば，この費用を少なく見積もる生産者が市場で短期的に優位に立つことができる。したがって，この費用は，第三者機関などが客観的に見積もることが必要となる。

なお，生産者自身に自ら生産した廃棄物の処理を求めること，つまり，物理的責任を課すことができれば，このような第三者機関は不要となろう。このとき，生産者から消費者に対して引き取り条件をあらかじめ提示することによって，消費者が生産者の予期しない形で製品を用いることを防止することができる。また，生産者自身が処理者となるので，処理技術を向上させ，効率的な廃棄物処理が行われることとなる。生産物の所有権を消費者に移転しないで，サ

---

[275] この議論については，倉阪秀史（2004）129-132頁参照。

ービスのみ提供する契約を結ぶビジネススタイルに転換しても，同様の効果が生まれることとなろう。

しかし，耐久消費財のように廃棄物の排出までに時間がかかる場合には，その間に生産者が倒産したりして，廃棄物の処理責任を課すべき者がいなくなる可能性があることに留意しなければならない。このような場合に備えて，業種によっては生産者に強制的に保険に加入させておくなどの仕組みが必要であろう。なお，将来の廃棄物処理費の支出に備えて企業内で必要な金額を積み立てておけるように税法上の措置を行うことも重要であろう。

(5) 拡大生産者責任論と汚染者負担原則の接合

さて，上記のように拡大生産者責任の射程を明確にすれば，拡大生産者責任と汚染者（排出者）責任を両立させることができる。

生産者は，設計段階において，その時点の技術水準と設計意図に照らして通常予期できる範囲の環境負荷について，その低減に向けた努力を行うことが求められる（拡大生産者責任の射程）。一方，消費者は，製品の設計意図に照らして適切な消費行動を行い，製品の消費・廃棄に伴う環境負荷を回避・低減させる責任を持つ（汚染者負担原則の射程）。

このとき，実際の費用負担のあり方は，たとえば以下のようになり，拡大生産者責任とごみ有料化が両立することとなる。

生産者は，製品廃棄物の物理的処理責任が市町村に置かれたままである場合には，製品を市場に送り出す際に，生産量に応じてその製品の処理に要する費用（その時点の処理技術でその製品を仮に処理したとした場合の費用として社会的に同意された費用）を第三者機関に支払わなければならない。この金額は製品価格に上乗せされることとなる。

市町村は，実際に製品廃棄物を処理した場合には，処理量に応じて定められた金額（当該製品が市場に送り出された時点の標準的な処理費用として社会的に同意された費用）を第三者機関から受け取ることとなる。仮に，この処理費用を実際の処理費用が上回った場合には，その差額は市町村が負担することとなる。逆に，実際の処理費用が下回った場合には，差額は市町村の収益となる。

仮に消費者の協力が得られない場合には，標準的な処理費用を実際の処理費

用が上回る可能性があるので，市町村は，消費者が設計意図に照らして適切な消費行動を行い，廃棄物の排出量が抑制され，廃棄物が循環利用できる状態で排出されるように，消費者に対して動機づけを行うべき立場にある。そして，このための動機づけの手段として，排出されるごみの量に応じて費用を求めるという方策（ごみの有料化）が想定される。

この場合，標準的なごみ処理費用については，生産者から受け取ることができるので，その部分が二重取りにならないよう，一定の枚数のごみ袋を消費者に無料配布したり，別の形で消費者に還元したりすることが必要となる。

このようにして，拡大生産者責任とごみ有料化は両立することとなろう。

(6) 人工物全般への拡張――設計者責任

設計されるものは，製品のみではない。第2章で議論したように，人工物全般が設計されるものといえる。したがって，拡大生産者責任原則は，人工物全般に拡大することができるのではないか[*276]。

このとき，設計者責任原則は，人工物の設計を決定する前に，その時点の技術水準と設計意図に照らして，当該人工物の使用・廃棄に際する環境負荷の大きさを見積もり，その低減のための努力を行うべきであるという原則となる。

人工物の中には，空港，道路，鉄道，港湾などのインフラストラクチャーに該当するものもある。1997年に制定された環境影響評価法は，事業着手の前に，該当する事業に関する環境影響を調査，予測，評価させ，環境保全措置を検討させるための法律である。この法律は，日本最初の設計者責任立法ということができる。

また，建築物や生産財なども人工物である。たとえば，建築物のライフサイクルにわたるエネルギー消費量や環境負荷の量は，建築物の設計段階においてある程度規定される。このとき，これらの量を事前に見積もり，その低減を求める努力を建築家に求めることが必要となろう。

[*276] 設計者責任論については，倉阪秀史（2004）133-138頁参照。

(7) 公的負担が適切な場合

　以上見てきたように，環境負荷を防除するための費用は，設計者（生産者）と排出者（汚染者）によって基本的に支払われることとなるが，公的な負担が必要な場合も若干残されている。

　第一に，負担すべき生産者や排出者がいなくなった場合である。生産企業が倒産した場合など，廃棄物処理を負わせる企業がいなくなることも想定される。とくに，生産者に前払い処理費を求めず，廃棄物の無償引き取りなどで対処する場合には，このような場合が現れよう。また，土壌汚染などの環境影響が発覚したときには，排出者がすでにいないという場合もある。このような場合には，公的負担もやむをえない。

　第二に，原因行為が行われた時点で，それに伴う環境影響が知られていない場合が挙げられる。設計段階での配慮は，その時点で判明している環境負荷に関する配慮しかできない。オゾン層破壊物質のフロンガスのように，ある時点では，まったく無害な夢の物質と考えられていた汚染物質が存在する。その場合，事後的に環境の保全に関する公的な要求水準が引き上げられた場合については，費用の全部または一部を公的に負担することを検討せざるをえない。

　第三に，地域間格差の是正や所得格差の是正など，他の施策の観点から公的に負担することがあろう。

　第四に，技術開発を促進し，萌芽的な技術を育成するための費用については，OECDでも日本でも汚染者負担原則の例外として，公的負担が認められているところである。

　これらに該当する場合には，税金を用いて公的に負担することもやむをえないところである[277]。

3. 温暖化対策とエコロジカル税制改革

(1) 気候ターゲット2℃という目標

　2005年2月16日に，京都議定書がようやく発効した。1997年12月に採択さ

＊277　公的負担論については，倉阪秀史（2004）138-141頁参照。

れた京都議定書は，2008年から2012年までの目標達成期間までに，先進国がそれぞれ削減すべき温室効果ガスの排出量を定めるものであり，先進国全体では削減基準年（二酸化炭素，メタン，一酸化二窒素は1990年，HFCs，PFCs，SF6については1990年または1995年）に比べて5.2％削減しようとするものである。

2001年に公表されたIPCC（気候変動に関する政府間パネル）の第3次報告書では，次のような指摘が行われている。

- 地球の平均地上気温は20世紀に約0.6℃上昇した。
- 地球の平均海面水位は0.1～0.2m上昇した。
- 大気中の二酸化炭素濃度・メタン濃度は，過去42万年間で最高となっている。
- 最近50年間に観測された温暖化のほとんどは人間活動に起因するものである。
- 二酸化炭素濃度は2100年に540～970ppmに達し，地球表面の平均温度は1．4～5．8℃上昇する。海面は9～88cm上昇する。

EUは，2100年に産業革命以前と比較して気温の上昇を2℃に抑制することが必要であると主張している。温度上昇が2℃を突破するリスクは，大気中の温室効果ガスの濃度が二酸化炭素換算で，550ppmのとき68～99％の間であり，400ppmのレベルでは2℃以内を達成できる可能性が高いとされている[278]。

気候ターゲット2℃を達成するためには，現在の京都議定書の目標では不十分である。国立環境研究所の脱温暖化2050研究プロジェクトでは，気候ターゲット2℃を達成するためには，世界全体の温室効果ガス排出量を1990年に比べ2020年に10％，2050年には50％，2100年に約75％削減することが必要であるとしている[279]。2012年以降も引き続き大幅な温室効果ガスの削減に取り組まなければならないのである。

しかしながら，現段階では，京都議定書の目標達成すらおぼつかない状況と

---

[278] 以上のような科学的知見は，2005年10月にとりまとめられた「サステイナビリティの科学的基礎に関する調査報告書 Science on Sustainability 2006」（http://www.sos2006.jp/）に紹介されている。

[279] 国立環境研究所「脱温暖化2050研究プロジェクト」（http://2050.nies.go.jp/）参照。

なっている。日本は，京都議定書によって，基準年比6％の温室効果ガスの削減を義務づけられている。環境省が公表した2002年度の温室効果ガス排出量は基準年に比較して7.6％の増加であった。目標達成のためには，今後，14％弱の削減を求められることとなる。

このような状況にかんがみれば，従来と同じような対策を講じていたのでは不十分である。温室効果ガスの大幅な削減には，産業側における技術革新を欠かすことができない。

技術革新の方向は次の二つである。第一に，化石燃料中の炭素分を二酸化炭素として放出させることなく，化石燃料中の水素分のみを燃焼させるための技術である。第二に，太陽光，風力，水力，波力，地熱などの自然エネルギーを効率的に取り出すための技術である。

技術革新を進めるためには，脱炭素に向かうという政治的な意思がゆらぎのないことをマーケットに対して明確に示すとともに，経済的に誘導することが不可欠である。ころころと政策の方向が変わるようでは，民間企業は安心して脱炭素の方向へ舵を切ることができない。長期的な投資が引き合うことを確信させる程度に，環境税制改革の実施や，排出権取引制度の導入といった具体的な政策を講ずることが必要であろう。

(2) ドイツのエコロジカル税制改革
① ドイツの税制改革の内容[280]

ドイツでは，エコロジカル税制改革の考え方を導入し，1999年から段階的な税制改革を行ってきた。ドイツの税制改革は，つぎのような特徴を有する。

第一に，既存の税金（鉱油税）に税率を上乗せすることによって，既存の税金との関係を明らかにしている点である。ただ，電気については，既存の適切な税がなかったため，1999年に電気税を新設している。

第二に，小さな税率でまず導入し，徐々に税率を引き上げていくしくみとなっている点である。税率の推移は，表7-2のとおりである。ただ，1999年の導入当初の税率で日独を比較しても，電気，軽油，ガソリンなど，日本の環境省

---

[280] The Federal Ministry of the Environment, Germany (2004) による。

表7-2 ドイツにおける鉱物及び環境課税の推移

単位：ユーロセント

	1999.3以前	1999.4～[増加分円*]	2000.1～	2001.1～	2002.1～	2003.1～	2003環境課税分[円*]
電気(kWh)	——	1.02[+1.43]	1.28	1.54	1.8	2.05	2.05[2.87]
動力用燃料							
軽油(リットル)	31.70	34.77[+4.30]	37.84	40.91	43.98	47.04	15.34[21.48]
ガソリン(リットル)	50.11	53.18[+4.30]	56.25	59.32	62.39	65.45	15.34[21.48]
天然ガス(リットル)	6	7 [+1.4]	7	8	8	8	2 [2.8]
LPガス(リットル)	6	7 [+1.4]	7	7	8	8	2 [2.8]
暖房用燃料							
灯油(リットル)	4.09	6.14[+2.87]	6.14	6.14	6.14	6.14	2.05[2.87]
重油(リットル)	1.53	1.53[0]	1.79	1.79	1.79	2.5	0.97[1.36]
天然ガス(リットル)	0.18	0.344[+0.23]	0.344	0.344	0.344	0.55	0.97[1.36]

出典：The Federal Ministry of the Environment, Germany (2004), p.2
（原資料：The Fedaral Ministry of Finance 2004他）
原注：軽油とガソリンについては、2001年11月から低硫黄燃料、2003年1月から無硫黄燃料。燃料として用いられる天然ガスとLPガスの税率は、税制優遇措置の計画的縮減により、2004年からそれぞれリットル9セントに上昇した。
* 1ユーロ＝140円で換算

が公表している環境税案の税率の方が小さいものが多い。

　第三に，鉱油税と電力税（以下，温暖化対策税）による歳入の約9割を，国民の社会保障費支払いの削減に充てている点である。2003年には，186億ユーロ（約2兆6000億円）が社会保障費支払いの削減に充てられ，これによって，1988年に20.3％であった社会保障費支払いの国民負担率が，2003年には19.5％に引き下げられた。被雇用者負担分の引き下げと雇用者負担分の引き下げは均等に行われている。なお，税収の一部は，風力発電などの再生可能エネルギーの開発に充てられることとなっており，2003年には2億3000万ユーロ（約322億円）が使われている。そして，約10億ユーロ（約1400億円）が，一般会計に組み入れられている。

　ドイツの温暖化対策税には，さまざまな特例が置かれている。

　まず，国際競争力の低下を防ぐために，2003年以来，製造業，林業，農業，養殖業では，通常の税率の6割の税率が適用されている。さらに，社会保障費支払いの軽減分の1.2倍を超える税負担が見込まれるエネルギー多消費型産業には，1.2倍を超えて負担した分の95％が払い戻されるしくみとなっている。

　また，低所得者層への過重な負担を防ぐため，1999年以前に設置された夜

間蓄熱暖房システムに使用される燃料への税率は，2006年まで，通常の税率の6割とされている。

さらに，公共交通機関で使用される電気への税率軽減，低硫黄燃料・無硫黄燃料への税率軽減，なたね油などの生物系の燃料への非課税措置，コジェネレーション（熱電併給）システムへの税率軽減，自然エネルギーから生み出された電気への非課税措置などが採用されている。

② エコロジカル税制改革の思想

税収を社会保障費支払いに充てるという発想について，ドイツ環境省は，「基本的に，エコロジカル税制改革は，労働や雇用にかけられていた負担を，エネルギーの消費に移動させようとするものである。」と説明している[281]。

生産要素には，原材料・エネルギー（物的資源）と，労働（人的資源）の双方がある。産業革命以来，われわれの経済は，安価で豊富に得られる化石燃料を大量に投入する形で，発展を遂げてきた。しかし，地球温暖化をはじめとする環境制約の顕在化を前にして，これまでのようにエネルギー集約的な経済発展を継続させていくことの限界が明らかとなってきている。このため，今後は，労働をより活用する形での経済発展を目指していくことが求められよう。今後，徐々に労働集約的な経済発展のルートに切り替えていくためには，エネルギーコストを上げて，労働コストを下げることが必要である。そして，ドイツでは，エコロジカル税制改革は，このことを明確に意図して導入されているのである。

③ ドイツの税制改革の効果

ドイツの税制改革によって，二酸化炭素排出量は2005年には2％から3％削減されると試算されている。とくに，輸送部門と民生部門における削減量が大きい。たとえば，2000年から2003年にかけて，初めて4年連続で輸送部門のエネルギー消費量が減少している。その他，道路物流が過去数年間にわたり減少傾向となったり，1998年まで減少傾向だった公共交通機関の利用者数が増加に転じたり，輸送部門での効果が確実に現れている[282]。

これには理由がある。表7-3を見ていただきたい。実は，ドイツのエコロジ

---

[281] 前掲文書p.15
[282] 前掲文書p.16-18

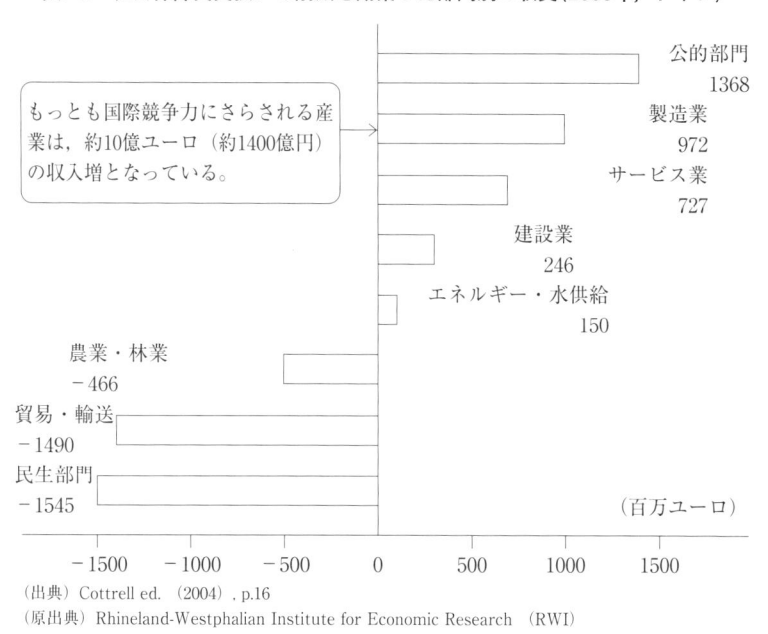

表7-3 社会保障費支払いの削減を勘案した部門別の収支（2003年，ドイツ）

部門	百万ユーロ
公的部門	1368
製造業	972
サービス業	727
建設業	246
エネルギー・水供給	150
農業・林業	−466
貿易・輸送	−1490
民生部門	−1545

もっとも国際競争力にさらされる産業は，約10億ユーロ（約1400億円）の収入増となっている。

（出典）Cottrell ed.（2004），p.16
（原出典）Rhineland-Westphalian Institute for Economic Research（RWI）

カル税制改革によって，産業界は純収入を得ているのである。つまり，エネルギー消費への課税は，民生部門，輸送部門，産業部門のそれぞれで行われるが，社会保障費支払いの軽減は，主に産業部門に効いてくるのである。このため，ドイツの税制改革においては，国際競争力が損なわれて，国外に産業が移転するという議論も起こっていない。ドイツ環境省の担当者であるカイ・シュリーゲルミルヒ氏は，「当初から，ドイツの税制改革は，輸送部門と民生部門を主なターゲットとしていた」と説明している[283]。

このような環境保全上の効果とともに，雇用政策上の効果も生まれている。2003年までに25万人の雇用が生み出され，ヤミ雇用が1.6％削減された。これは，雇用主が負担した社会保障費の一部が戻ってくるしくみになったためと考えられている。

---

[283] 2004年11月3日訪問インタビュー

(3) 日本におけるエコロジカル税制改革の可能性
① 社会保障給付費負担を抑制する必要性

平成14年度の社会保障給付費は，83兆5666億円に達した。これは，前年に比較して2兆1659億円（2.7%）の伸びとなっている[284]。社会保障財源（管理費などを含み88兆2218億円）のうち，63.3%（55兆8784億円）が，社会保険料支払いによって賄われており，そのうち28兆4054億円（全体の32.2%）が事業主拠出，27兆4731億円（同31.1%）が被保険者拠出となっている[285]。

日本においては，今後，人口減少と少子高齢化が急速に進行することに伴い，このままでは，社会保障給付費の対GDP比が，15.3%（1997-2001年平均）から，2025年度には22.7%に増えることが予測されている[286]。

このような社会保障給付費の負担増は，多くの経営者が懸念しているところである。2003年に生命保険文化センターが行った調査によれば，経営環境に影響がある事項として，4分の1の企業が「社会保障制度での事業主負担増」を挙げており，これは，「長期化する景気低迷」「商品・サービス市場の競争激化」についで，3番目に懸念される事項となっている[287]。また，経済産業省と日本商工会議所の調査によれば，社会保険料引き上げに対して，海外活動の比重を高めると回答した大手企業は41.9%に上っている[288]。

以上のような状況を勘案すると，国内産業の健全な経営環境を維持し，中国など人件費の安価な国への製造業の移転を防止するためにも，社会保障給付費の事業主負担分の増大を食い止めるための政策が望ましいといえる。

② 民生部門・輸送部門におけるエネルギー消費量増大を抑制する必要性

2001年の日本の最終エネルギー消費量は，1990年に比べ，13.85%増加している（表7-4参照）。部門別に見ると，民生部門と運輸部門の伸び率が，それぞれ25.1%，22.2%と大きい。伸び量でみても，民生部門と運輸部門が伸び量全体のそれぞれ44.3%，37.0%を占めている。このように，日本においても，

---
[284] 国立社会保障・人口問題研究所（2004）
[285] 国立社会保障・人口問題研究所調べ
　　http://www.ipss.go.jp/Japanese/kyuhuhi-h14/3/No3.html
[286] 厚生労働省（2004）
[287] （財）生命保険文化センター（2003），平成16年度通商白書115頁より。
[288] 経済産業省（2004）

表7-4 部門別最終エネルギー消費量の変化(1990-2001)
10¹⁰kcal（構成比%）

	1990年度		2001年度		伸び量		伸び率(%)
産業部門	160,787	(49.8)	171,051	(49.5)	10,264	(22.9)	6.38
非製造業	18,025	(5.6)	14,941	(4.1)	△3,084	(△6.9)	△17.11
製造業	142,762	(44.2)	156,110	(42.5)	13,348	(29.8)	9.35
民生部門	78,925	(24.4)	98,750	(26.9)	19,825	(44.3)	25.12
家庭	42,913	(13.3)	52,223	(14.2)	9,310	(20.8)	21.70
業務	36,011	(11.2)	46,527	(12.7)	10,516	(23.5)	29.20
運輸部門	74,386	(23.0)	90,913	(24.7)	16,527	(37.0)	22.22
旅客	44,303	(13.7)	58,887	(16.0)	14,584	(32.6)	32.92
貨物	30,083	(9.3)	32,026	(8.7)	1,943	(4.3)	6.46
非エネルギー	8,772	(2.7)	6,881	(1.9)	△1,891	(△4.2)	△21.56
総計	322,870	(100.0)	367,595	(100.0)	44,725	(100.0)	13.85

（出典）EDMC／エネルギー・経済統計要覧（2003年版）より筆者作成

民生部門や輸送部門におけるエネルギー消費量をいかにして抑制していくのかが大きな課題となっていることが分かる。

なお，細区分で比較すると，製造業における伸び量（全体の29.8%）は，旅客部門の伸び量（全体の32.6%）についで大きく，製造業における対策も不可欠であることは指摘しておきたい。

③ 技術開発の方向を規定するための政策の必要性

産業界においては，すでにさまざまな技術開発が行われているので，環境税は必要ないという意見も根強く見られるところである。しかし，技術開発を方向づけるのは政策であることを忘れてはならない。エコロジカル税制改革によって，エネルギー集約的経済発展から，労働集約的経済発展に移行させていくという明確なメッセージが与えられれば，これが技術開発の方向性を規定することとなろう。この点，植田和弘教授は，「温暖化対策税はそうした技術革新や活動スタイルの転換を促す動機付けを制度的につくりだすための税だ」としている[289]。同感である。

なお，このようなメッセージを継続的に与えるためには，ドイツにおいて行われているように，段階的に税率を上昇させていくことが望ましいと考える。

---

[289] 植田和弘（2004）

④ 政策手法の転換の必要性：「裁量」から「ルール」へ

環境省は，2004年11月に環境税の具体案を公表したが，この案が旧態依然としているのは，中央政府による補助金などの政策を使途の根幹部分として想定していることである。環境省案では，「地球温暖化対策として企業，家庭などが行う取組や森林の整備・保全への支援に充てる」とされ，「①省エネ機器の購入促進などによる豊かで環境に優しい生活の実現，②環境関連産業の育成と環境設備支援，③グリーンな交通の実現，④クリーンエネルギーへの転換，⑤緑の国づくりなどを支援する」ことが例示されている。

中央政府による補助金政策は，次のような問題を有する。まず，補助金決定に伴う裁量が，補助金を支出する個々の担当官に留保される。このことによって，担当官の情報不足などによる判断の誤りの可能性，他の担当官との調整機会の欠如など縦割り行政の弊害による全体的効果の低下など，さまざまな「政府の失敗」が生み出される可能性がある。また，環境省案では，前述のとおり，環境税収の温暖化対策分の2割程度を「環境譲与税」として，地方公共団体に譲与することとしているが，各地方公共団体に譲与された財源が効果的に支出される保証はない。また，「効果的に」支出させようと地方公共団体に関与することも，地方分権に反することとなり，望ましくない。

政府の裁量が増加する政策案に，産業界が抵抗するのは当然である。そのような政策ではなく，公平で透明なルールを提示する政策を提案すべきである。税制や社会保証給付費制度というのは，いったん，しくみが決まってしまえば，政府の裁量を要する場面が少ない。負担の増加分だけではなく，負担の減少分（あるいは税収の使途）についても，これらの制度の改正という形で，明確に書ききってしまわないと，社会的合意は得られないであろう。

(4) 最後に

以上の分析によれば，今後，エコロジカル税制改革の可能性を日本において具体的に検討していくことが必要であるという政策提言となる。ただ，以上の分析において十分検討できなかった事項として，既存のエネルギー税制との関連，地方への税源の移譲という社会的要請との関連などを挙げなければならない。とくに，地方への税源の移譲という観点からは，そもそも下流における温

暖化対策税を国税として構成すべきなのだろうかという論点も検討すべきであろう。この関連で，事業税の外形標準の一つとして，エネルギー消費量を採用し，その歳入見込み分を他の事業所の事業税負担の軽減のために用いるという形での，歳入中立型課税も検討対象とすべきではないかと考えている。これらは，今後の課題としたい。

4. 環境構造改革の必要性

　産業界には，タオルを絞りきっているので日本はこれ以上温暖化対策を進められないという意見がある。京都議定書の達成のみならず，その後に求められる大幅な削減を考慮すれば，従来と同じ対策の延長線上で考えていてはいけないということは明らかである。

　これまでの政策は，工場・事業場レベルや各家庭レベルでの個別対応を呼びかけるレベルにとどまってきた。2005年には，工場・事業場レベルの省エネルギーとしては，光熱水料の節減コンサルタントを行うESCO（エネルギー・サービス・カンパニー）事業が伸展し，クールビズが流行した。これらは，すべて個別対応にすぎない。2005年に改正された地球温暖化対策推進法では，多量に温室効果ガスを排出する事業者に温室効果ガスの排出量を報告させることが義務づけられた（2007年度に施行予定）。このような動きによって，温室効果ガス削減に関する個別対応がさらに普及するものと考えるが，それのみでは限界がある。

　個別対応を進める主な経済的な誘因としては，それによって各企業や家庭が支払う光熱水料が節減されるというものである。空調温度を適正に保ち，ムダなエネルギーを使わないようにするなどといった初期投資を要しない対策によって，ある程度はエネルギー消費量を削減することができる。しかし，継続的に対策効果を得るためには，初期投資を要する対策を導入する必要がある。そして，建物の断熱効果を高め，省エネルギー型の機器を導入するといった対策にも，これまで支払ってきた光熱水料のみを誘因にする限りでは，個別対応では限界があろう。

　このため，前項で述べたような経済的手法の導入によって，企業や家庭に対

して新しい経済的誘因を生み出し，さらなる対応を誘導することが必要である。

そして，経済的手法などによって企業や家計の個別対応をさらに促進するのみではなく，社会全体として温室効果ガスの排出が少なくなるように，社会システムや都市構造などを変えていくことも重要である。これは，環境面から社会の構造改革を図るものであり，環境構造改革と呼べるだろう。

環境構造改革には，以下の三つの視点が重要であろう。

第一の視点は，モノを売るビジネスからサービスを確保するビジネスに変えていくことである。従来の製造業は生産物の所有権を消費者に売り渡すことによって収入を得るビジネススタイルを基本としてきた。このビジネススタイルは，二つの観点で資源の利用効率の悪化を招く。まず，消費者が生産物を買い換える際に収入が入ることとなるので，製品の計画的な陳腐化や，消費者への浪費や買い換えの働きかけが行われるなど，生産物を大量に流通させる方向で動機づけがされてしまう。また，消費者によって不要とされた生産物がモノとしての価値（生産物としての価値や部品・原材料としての価値）を残していても，そのモノを市場に流通させるルートを持たない消費者が所有権を持っているため，有効に活用されないこととなってしまう。

このとき，生産物の所有権を消費者に売り渡すのではなく，生産物の使用料を徴収したり，生産物から得られるサービスを提供する契約を行ったり，修理・アップグレードなどの追加的なサービスを提供したりして，収入が得られる場面を増やしていくことにすれば，生産物のモノとしての価値を可能な限り維持しようとする方向で動機づけがなされよう。また，消費者によって価値が見いだされなくなった生産物は生産者に戻されることとなるので，再度市場に流したり，部品や原材料として循環的に利用したりすることが容易となる。このようにして，社会全体の資源利用効率が高まり，ひいては温室効果ガスの発生量も少なくなることが期待できる。

第二の視点は，地方の分散的な資源を地方自治体主導で開発できるように，中央政府から地方自治体への権限と財源の移譲を進めていくことである。従来，資源エネルギー政策は，中央政府が行うものという観念があったが，自然エネルギーのように，地域によって種類や賦存量が異なる分散的な資源を開発するための政策は，それぞれの地方自治体が主体的に行っていく必要がある。

このために，エネルギー特別会計を国が用いるという現行のしくみを変え，必要な権限と財源を地方自治体に与えなければならない。

第三の視点は，環境負荷の少ないコンパクトな都市構造を維持し，発展させることである。社会全体のエネルギー消費量は，都市の構造にも依存する。日本は，経済活動の規模のわりにエネルギー消費量が少ないが，これは，都市内においては自動車を用いることなく公共交通機関のみに依存しても生活ができることや，都市間の移動を新幹線をはじめとする鉄道によって行うことができることにも起因している。しかし，近年は，自動車を利用した郊外型の都市開発が進展してきている一方で，中心市街地の衰退が問題となっている。今後もコンパクトな都市構造を維持するとともに，今後の人口減少時代に備えて，都市のスプロール化を防止するための政策を講じていく必要がある。

環境構造改革を進めていくためには，従来の考え方にとらわれない発想が必要となる。新しい発想で政策を行う場合には，ビジネスのあり方も大きく変わらざるをえない。このときに障害となるのが，現在の市場で力を持っている産業による抵抗である。往々にして，このような抵抗勢力の意向が，事業所管省庁や業界の保守的な考え方を生み出し，新しい政策の実施を阻害することがある。変革の時代には，事業所管官庁や業界の護送船団的議論は似合わない。変革の時代を新しいビジネスチャンスと捉える柔軟な発想が必要である。

あとがき

　本書は，筆者がこれまでさまざまな場に発表した文章を再構成する形で書かれたものである．原型をとどめていない章もあるが，初出は以下のとおりである．若干記述内容に重複感が残るところもあるがお許しをいただきたい．

第1章第1節　「エコノミーとエコロジー」『AERAMOOK　新版環境学がわかる』朝日新聞社，2005年2月10日，109-112頁

第1章第2節以降　「エコロジカル経済学の思想的背景」『環境思想研究』環境思想研究会，第1号，2005年，21-32頁

第2章第1節・第2節　「「環境」に係る外部性の特徴と外部性プロセスの考え方」『千葉大学経済研究』，(上)，第13巻第2号，1998年，291-324頁

第2章第3節　「環境に経済学ができること・できないこと」『経済セミナー』日本評論社，通巻604号，2005年5月1日，35-38頁

第2章第4節　「経済学における物質的アプローチの試み（上）」『千葉大学経済研究』第14巻第1号，1999年，87-112頁

第3章　「「環境」に係る外部性の特徴と外部性プロセスの考え方」『千葉大学経済研究』，(上) 第13巻第2号，1998年，291-324頁，(下) 第13巻第3号，1998年，597-634頁

第4章　「サービスの缶詰の経済理論」『千葉大学経済研究』第18巻第2号，2003年，79-122頁

第5章　「持続可能性を問い直す」『NIRA政策研究』総合研究開発機構，第18巻第8号，2005年8月，6-12頁

第6章　「持続可能な福祉社会に向けたスケッチ」『公共研究』千葉大学公共研究センター，第2巻第3号，2005年12月，36-69頁

第7章第1節　「インセンティブ目的の課税論——環境政策の立場からみた地方環境税——」神奈川県監修『参加型税制・かながわの挑戦——分権時代の環境と税——』第一法規出版，2003年，172-178頁

第7章第2節　「循環型社会の経済ルール——製品廃棄物処理の費用を誰が支払うべきか」『月刊自治研』自治労出版センター，通巻555号，2005年12月，28-36頁

第7章第3節　「京都議定書発効と環境税のゆくえ」『税務弘報』中央経済社，53巻1号，2005年1月，8-15頁

第7章第4節　「温暖化防止のために新しい段階の政策を」『NIRA政策研究』総合研究開発機構，第18巻第12号，2005年12月，43-45頁

　経済のルールの中でも，拡大生産者責任や設計者責任については，2004年に出版した倉阪秀史『環境政策論』（信山社）第9章に詳述しているので，併せて参照していただければ幸いである。

　また，サービスの缶詰論，外部性プロセス論，共益状態論については，2002年の『環境を守るほど経済は発展する』（朝日新聞社），2003年の『エコロジカルな経済学』（ちくま書房）から展開してきたものである。これらの概念を欠かすことができなかったので，本書でも触れることとなった。

　2004年に採択された千葉大学大学21世紀COEプログラム「持続可能な福祉社会に向けた公共研究拠点」においては，公共哲学，公共政策，国際公共比較の三つのセクションが，持続可能な福祉社会に向けた検討を進めている。本書は，このCOEプログラムの刺激があってはじめて成立したものといえる。センターのメンバーに感謝したい。また，第5章と第6章の執筆にあたっては，千葉大学法経学部総合政策学科の倉阪ゼミナールでの議論が役に立った。テーマディスカッションにつきあってくれたゼミ生に感謝したい。

　最後に，筆者の自由な研究活動を許容してくれている妻，智子に感謝したい。

参考文献

第1章
木田元（1970）『現象学』岩波新書
共同訳聖書実行委員会（1993）『聖書 新共同訳－旧約聖書続編つき』日本聖書協会
下川潔（2000）『ジョン・ロックの自由主義政治哲学』名古屋大学出版会
滝浦静雄（1994）「間主観性」『現象学事典』弘文堂
竹田青嗣（1993）『自分を知るための哲学入門』ちくま学芸文庫
譚嗣同（1897）、西順蔵、坂元ひろ子訳注『仁学 清末の社会変革論』岩波文庫、1989年
山田孝子（1994）『アイヌの世界観』講談社選書メチエ
Arendt, H. (1958) The Human Condition 志水速雄訳『人間の条件』ちくま学芸文庫、1994年
Aristotelis 出隆訳『形而上学（上）』岩波文庫、1959年
Berkeley, G. (1710) *A Treatise Concerning the Principles of Human Knowledge*, 大槻春彦訳『人知原理論』岩波文庫、1958年
Costanza, R. (1989) "What is Ecoligical Economics ?", *Ecological Economics*, 1, pp.1-7
Costanza, R., Cumberland, J., Daly, H., Goodland, R., Norgaard, R. (1997) *An Introduction to Ecological Economics*, St.Lucie Press
Cournot, A. (1838) *Recherches sur les principes mathematiques de la theorie des richesses*, 中山伊知郎訳『富の理論の数学的原理に関する研究』岩波文庫、1936年
Daly, H., Farley, J. (2004) *Ecological Economics its principles and applications*, Island Press
Descartes, R. (1636) 野田又夫訳「方法序説」野田又夫、井上庄七、水野和久、神野慧一郎訳『方法序説ほか』中央公論新社、2001年、p.42
Descartes, R. (1641) 井上庄七、森啓訳「省察」井上庄七、森啓、野田又夫訳『省察 情念論』中央公論新社、2002年
Descartes, R. (1643-1649)、山田弘明訳『デカルト＝エリザベト往復書簡』講談社学術文庫、2001年
Descartes, R. (1644) *Principorum Philosophiae*, 桂寿一訳『哲学原理』岩波文庫、1964年
Descartes, R. (1649) 野田又夫訳「情念論」井上庄七、森啓、野田又夫訳『省察 情念論』中央公論新社、2002年
Edwards-Jones, G., Hussian, S., Davies, B. (2000) *Ecological Economics - an introduction*, Blackwell Publishing

Faber, M., Manstetten, R., Proops, J. (1996) *Ecological Economics: concepts and methods*, Edwaed Elger

Hume, D. (1742) 小松茂夫訳「古代人口論」『市民の国について（上）』1952, 岩波文庫

Jevons, W.S. (1871) *The Theory of Political Economy*, 4th ed. 1911, 小泉信三, 寺尾琢磨, 永田清訳, 寺尾琢磨改訳『経済学の理論』日本経済評論社, 1981年

Locke, J. (1698) *Two Treatises of Government*, 伊藤宏之訳『全訳　統治論』柏書房, 1997年, (初版1690)

Locke, J. (1690) *An Essay Concerning Human Understanding*, 大槻春彦訳『人間知性論』第4巻, 岩波文庫, 1977年

Malthus, T.R. (1820) *Principles of Political Economy*, 小林時三郎訳『経済学原理』岩波文庫, 1968年

Malthus, T.R. (1827) *Definitions in Political Economy*, 玉野井芳郎訳『経済学における諸定義』岩波文庫, 1950年

Marshall, A. (1890) *Principles of Economics*, 9th ed. 1961, 馬場啓之助訳『経済学原理』東洋経済, 1965年

Menger, C. (1871) *Grundsatze der Volkswirthschaftslehre*, 安井琢磨訳『国民経済学原理』日本評論社, 1937年

Merleau-Ponty, M. (1968), 中山元訳「自然の概念」(1968年のコレージュ・ド・フランスでの講義録から)『メルロ＝ポンティ・コレクション』ちくま学芸文庫, 1999年

Mill, J.S. (1848) *Principles of Political Economy, with some of their Appriations to Social Philosophy*, 7th ed., 1871, 末永茂喜訳『経済学原理』岩波文庫, 1959年

Quesney, F. (1766) "Analyse du Tableaux Economiques", 戸田正雄・増井健一訳「経済表の分析」『経済表』岩波文庫, 1933年, 1961年改版

Quesney, F. (1768) "Maximes generales du gouvernement economique d'un royaume agricole", 戸田正雄・増井健一訳「農業国の経済的統治の一般原則」『経済表』岩波文庫, 1933年, 1961年改版

Ricardo, D. (1817) *On the Principles of Political Economy, and Taxation*, 2nd ed. 1819, 羽鳥卓也・吉澤芳樹訳『経済学および課税の原理』岩波文庫, 1987年

Ricardo, D. (1820) "Note on Malthus's Principles of Political Economy", Sraffa P., ed., 1951,「マルサス評注」小林時三郎訳マルサス『経済学原理』所収, 岩波文庫, 1968年

Rousseau, J-J. (1753) *Discours sur l'origine et les fondemens de l'inegalite' Parmi les hommes*, 小林善彦訳『人間不平等起源論』中公文庫, 1974年

Ryan, A. (1987) *Property*, 森村進, 桜井徹訳『所有』昭和堂, 1993年

Say, Jean-Baptiste (1803) *Traite de Economie Politique*, translated into English from the fourth edition, by C.R. Pronsep, *A Treatise on Political Economy or the Production, Distribution and Consumption of Wealth*, reprinted 1971 by A.M.Kelley Publishers

Smith, A. (1776) *An Inquiry into the Nature and Causes of the Wealth of Nations*, 6th. ed., 1950, edited by Cannan, E., 大内兵衛・松川七郎訳,『諸国民の富』岩波文庫, 1959年

de Spinoza, B. (1663) *Renati Des Cartes Principiorum Philosophiae*, 畠中尚志訳『デカル

トの哲学原理　附　形而上学的思想』岩波文庫，1959年
de Spinoza, B.（1677）*Tractatus Politicus*，畠中尚志訳『国家論』岩波文庫，1940年
Strauss, L.（1953）*Natural Right and History*，塚崎智，石崎嘉彦訳『自然権と歴史』昭和堂，1988年
Thomas, K.（1983）*Man and the Natural World*，山内昶監訳『人間と自然界』1989年，法政大学出版局
Turgot, A.（1766）*Réflexions sur la formation et la distribution des richesses*，永田清訳『富に関する省察』岩波文庫，1934年
Veblen, T.（1909）"The Limitation of Marginal Utility", *The Journal of Political Economy*, Vol.XVII, No.9, reprinted in *The Place of Science in Modern Civilization*, 1919
Walras, L.（1874）*Elements d'economie politique pure ou Theorie de la richesse sociale*, 4th. ed., 1926, 久武雅夫訳『純粋経済学要論』岩波書店，1983年

第2章
阿部泰隆，淡路剛久編著（1995）『環境法』有斐閣
飯島伸子編（1993）『環境社会学』有斐閣
井原俊一（1997）『日本の美林』岩波新書
植田和弘（1996）『環境経済学』岩波書店
植田和弘，落合仁司，北畠佳房，寺西俊一（1991）『環境経済学』有斐閣
大塚直（2002）『環境法』有斐閣
柴田敬（1973）『地球破壊と経済学』ミネルヴァ書房
相馬一郎，佐古順彦（1976）『環境心理学』福村出版
多辺田政弘（1994）「生命系のパラダイム」，岩波講座社会科学の方法XII『生命系の社会科学』岩波書店
玉野井芳郎（1978）『エコノミーとエコロジー』みすず書房
玉野井芳郎（1979）『市場志向からの脱出－広義の経済学を求めて－』ミネルヴァ書房，1979年
玉野井芳郎（1981）「生産と生命の論理」槌田敦・岸本重陳編『玉野井芳郎著作集2　生命系の経済に向けて』学陽書房，1981年
玉野井芳郎（1982）『生命系のエコノミー』新評論
寺西俊一（1997）「＜環境被害＞論序説」淡路剛久・寺西俊一編『公害環境法理論の新たな展開』日本評論社
富井利安・伊藤護也・片岡直樹（1997）『新版　環境法の新たな展開』法律文化社
濱嶋朗・竹内郁郎・石川晃弘編（1997）『社会学小辞典［新版］』有斐閣
松村弓彦（1995）『環境法学』成文堂
松浦寛（1997）『環境法概説（改訂新版）』信山社
宮本憲一（1989）『環境経済学』岩波書店
山口昌哉（1986）『カオスとフラクタル』講談社ブルーバックス
山村恒年（1997）『検証しながら学ぶ環境法入門』昭和堂
Arendt, H.（1958）The Human Condition 志水速雄訳『人間の条件』ちくま学芸文庫，

1994年
Boulding, K. E. (1966), "The Economics of the Coming Spaceship Earth"; in *Environmental Quality in a Growing Economy*, Johns Hopkins University Press, reprinted in *Valuing the Earth,* The MIT Press
Daly, H. E. (1971), "The Steady-State Economy: Toward a Political Economy of Biophysical Equilibrium and Moral Growth", the University of Alabama Distinguished Lecture Series, No.2, reprinted in *Valuing the Earth*, Daly and Townsend ed., the MIT Press
Daly, H. E. (1977), *Steady-State Economics*, 2nd ed., 1991, Island Press,
Fuller, B. (1969), *Operating Manual for Spaceship Earth*, 東野芳明訳『宇宙船「地球号」操縦マニュアル』西北社, 1985年
Georgescu-Roegen, N. (1971) "The Entropy Law and the Economic Problem", The University of Alabama Distinguished Lecture Series, No.1, reprinted in *Valuing the Earth*, Daly and Townsend ed., the MIT Press,
Georgescu-Roegen, N. (1975) "Selections from "Energy and Economic Myths"", Southern Economic Journal, vol.41, No.3, reprinted in *Valuing the Earth*, Daly and Townsend ed., the MIT Press
Humphrey, C.R., Buttel, F.R. (1982) *Environment, Energy, and Society*, 満田久義他訳『環境・エネルギー・社会』ミネルヴァ書房, 1991年
Kneese, A.V., Ayres, R.U., d'Arge, R.C. (1970) *Economics and the Environment A Materials Balance Approach*, Resources for the Future
Lewin, K. (1951) *Field Theory in Social Science*, 猪股佐登留訳『社会科学における場の理論』誠信書房,1962
Maturana, H.R., Varela, F.J. (1980) *Autopoiesis and Cognition: The Realization of the Living*, 河本英夫訳『オートポイエーシス』国文社, 1991年
Perrings, C. (1987) *Economy and Environment*, Cambridge University Press
Veblen, T. (1909) "The Limitation of Marginal Utility", *The Journal of Political Economy*, Vol.XVII, No.9, reprinted in *The Place of Science in Modern Civilization*, 1919
von Bertalanffy, L. (1968) *General System Theory*, 長野敬・太田邦昌訳『一般システム理論』みすず書房, 1973年

第3章
幾代通著, 徳本伸一補訂 (1993)『不法行為法』有斐閣
植草益 (1997)「社会的規制の今後の方向」, 植草益編『社会的規制の経済学』終章, pp423-443, NTT出版, 1997
環境庁「オゾン層保護検討会」編 (1989)『オゾン層を守る』NHKブックス
環境庁「地球温暖化問題研究会」編 (1990)『地球温暖化を防ぐ』NHKブックス
環境庁 (1995)『環境庁20年史』ぎょうせい
木村憲二 (1979)『経済外部性と社会的費用』中央経済社, 1979年
柴田弘文, 柴田愛子 (1988)『公共経済学』東洋経済新報社

鈴木守（1974）『外部経済と経済政策』ダイヤモンド社，1974年
時政勗（1993）『枯渇性資源の経済分析』牧野書店
三澤正編著（1993）『大気環境と人間』開成出版
宮本憲一（1970）「現代資本主義と公害」ジュリスト臨時増刊『特集公害－実態・対策・法的課題』有斐閣
御代川貴久夫（1997）『環境科学の基礎』培風館
Anderson, T.L., Leal, D.R. (1991) *Free Market Environmentalism*, Pacific Research Institute
Baumol, W.J., Oates,W.E. (1988) *The Theory of Environmental Policy*, Cambridge University Press, 2nd ed. (First edition 1975)
Bromley, D.W. (1991) *Environment and Economy: property rights and public policy*, Blackwell Publishers
Buchanan, J.M., Stubblebine, WM. C. (1962) "Externality", *Economica*, N.S., 29, pp.371-384, reprinted in: *Readings in Welfare Economics*, Richard D. Irwin, Inc., 1969
Coase, R.H. (1960) "The Problem of Social Cost", *The Journal of Law and Economics*, 3, pp1-44, 宮沢健一・・後藤晃・藤垣芳文訳『企業・市場・法』第5章 東洋経済新報社，1992年
Cropper, M.L., Oates,W.E. (1992) "Environmental Economics: A Survey", *Journal of Economic Literature*, Vol.XXX, pp.675-740
Dahlman, C.J. (1979) "The Problem of Externality", *The Journal of Law and Economics*, 22, pp141-162
Helm, D.R., Pearce, D. (1990) "Economic Policy towards the environment", *Oxford Review of Economic Policy*, vol.6, no.1, reprinted in: *Readings in Microeconomics*, Oxford University Press, 1996
Jackson, T. (1996) *Material Concerns*, Routledge, London
Keynes, J.M. (1925) "Alfred Marshall, 1842-1924", in: Pigou, A.C. (ed.), *Memorials of Alfred Marshall, Sentry Press*, New York
Marshall, A. (1920) *Principles of Economics*, 8th ed. (First edition 1890), 馬場啓之助訳『経済学原理』東洋経済新報社，1966
Maskin, E.S. (1994) "The Invisible Hand and Externalities", *The American Economic Review*, Vol.84, No.2, (ARA Papers and Proceedings)
Meade, J.E. (1952) "External Econimies and Diseconomies in a Competitive Situation", *The Economic Journal*, 62, pp54-67, reprinted in: Readings in Welfare Economics, Richard D. Irwin, Inc., 1969
Pearce, D.W., Turner, R.K. (1990) *Economics of Natural Resources and the Environment*, Johns Hopkins University Press
Perman, R., Ma, Y., McGilvray, J. (1996) *Natural Resource and Environmental Economics*, Longman
Pigou, A.C. (1932) *The Economics of Welfare*, 4th ed. (First edition 1920), 永田清訳『厚生経済学』東洋経済新報社，1954年

Randall, A. (1987) *Resource Economics: An Economic Approach to Natural Resource and Environmental Policy*, 2nd. ed. New York, John Wiley

Scitovsky, T. (1954) "Two Concepts of External Economies", *The Journal of Political Economy*, 17, pp143-151, reprinted in: *Readings in Welfare Economics*, Richard D. Irwin, Inc., 1969

Spiro, T.G., Stigliani, W.M. (1980) *Environmental Science in Perspective*, State University of New York, 正田誠・小林孝彰訳『環境の科学』学会出版センター, 1985

Tietenberg, T. (1992) *Enviroinmental and Natural Resource Economics*, Third ed., Harper Collins Publishers

Tullock, G. (1970) *Private Wants, Public Means*, Basic Books, Inc., New York, 加藤寛監訳『政府は何をすべきか』春秋社, 1984

Vatn, A., Bromley, D.W. (1997) "Externalities - A Market Model Failure", *Environmental and Resource Economics*, Vol.9, pp135-151

Viner, J. (1931) "Cost Curves and Supply Curves", *Zeitschrift für Nationalëkonomie*, reprinted in: *Readings in Price Theory*, Richard D. Irwin, Inc. 1952

Whittaker, R.H. (1975) *Communities and Ecosystems*, 2nd ed., (First edition 1970), 宝月欣二訳『ホイッタカー生態学概説』培風館, 1979

第4章

赤尾健一 (1997)『地球環境と環境経済学』成文堂342頁
秋岡弘紀 (1992)「X非効率性-その計量的接近」大阪大学経済学, Vol.41, No.4, 72-94
磯部浩一, 古郡鞆子 (1987)『サービス産業論』(放送大学教材) 放送大学教育振興会
井原哲夫 (1992)『サービス・エコノミー』東洋経済新報社, 275頁
貝塚亨 (2002)「サービス概念の検討」日本大学経済学部経済科学研究所紀要, 32巻, 2002.3, 105-124
環境庁編 (1992)『環境白書平成4年版』大蔵省印刷局
環境庁編 (1996)『環境白書平成6年版』大蔵省印刷局
環境省総合環境政策局環境計画課 (2002)『環境白書平成14年版』ぎょうせい
倉阪秀史 (1999a)「経済学における物質的アプローチの試み (上)」『千葉大学経済研究』, Vol.14, No1, 87-112
倉阪秀史 (1999b)「経済学における物質的アプローチの試み (下)」『千葉大学経済研究』, Vol.14, No2, 375-412
倉阪秀史 (2000)「物質的アプローチから見た製品廃棄物の処理費用支払いルールについて」『千葉大学経済研究』, Vol.15, No.3, 459-495
倉阪秀史 (2002)『環境を守るほど経済は発展する』(朝日選書)
小平裕 (1995)「LeibensteinのX非効率性について」『成城大学経済研究』(成城大学経済学会), 131巻, 136-115
斎藤重雄 (2002)「現代サービス経済論体系への序言-課題と方法-」『日本大学経済学部経済科学研究所紀要』, 32巻, 2002.3, 45-62
塩田真典 (1982)「X効率の本質と企業者概念」『大阪商業大学論集』, 63巻, 165-183

中田眞豪（1990）「サービスとは何か」佐和隆光編（1990）『サービス化経済入門』中公新書第一章, 1-19
橋本介三（1986）「サービスの定義と若干のインプリケーションについて」『岡山大学経済学会雑誌』, 17巻3・4号, 213〜234頁
馬場雅昭（1989）『サーヴィス経済論』同文館
細田衛士（1999）『グッズとバッズの経済学』東洋経済新報社285頁
水谷謙治（1990）「現代の「サービス」に関する基礎的・理論的考察（上）」『立教経済学研究』, 43巻, 3号, 87-109
J-C.ドゥロネ, J.ギャドレ, 渡辺雅男訳（2000）『サービス経済学説史』桜井書店224頁
H. ライベンシュタイン, 青木昌彦, 小池和男, 中谷巌（1982）「座談会 X効率をめぐって」『経済セミナー』, 333号, 8-23
Boulding, K. E. (1966) "The Economics of the Coming Spaceship Earth"; in *Environmental Quality in a Growing Economy*, Johns Hopkins University Press, reprinted in *Valuing the Earth*, The MIT Press
Choe, C., Fraser, I. (1999) "An Economic Analysis of Household Waste Management", *Journal of Environmental Economics and Management*, Vol.38, pp.234-246
Conrad, K. (1999) "Resource and Waste Taxation in the Theory of the Firm with Recycling Activities", *Environmental and Resource Economics*, Vol.14, 217-242
Eichner, T., Pethig, R. (2001) "Product Design and Efficient Management of Recycling and Waste Treatment", *Journal of Environmental Economics and Management*, Vol.41, pp.109-134
Frantz, R. (1992) "X-efficiency and Allocative Efficiency: What Have We Learned?", *The American Economic Review*, Vol.82, No.2, 434-438
Fullerton, D., Wu, W. (1998) "Policies for Green Design", *Journal of Environmental Economics and Management*, Vol.36, pp.131-148
Leivenstein, H. (1966) "Allocative Efficiency vs. "X-efficiency"", *The American Economic Review*, vol.56, No.3, pp.392-415
Leibenstein, H. (1973) "Competition and X-efficiency: Reply", *The Journal of Political Economy*, Vol.81, No.3 765-777
Leivenstein, H. (1978a) "X-Inefficiency Xists: Reply to an Xorcist", *The American Economic Review*, vol.68, No.1, pp.203-211
Leibenstein, H. (1978b) "On the Basic Propositon of X-efficiency Theory", *The American Economic Review*, Vol.68, No.2, 328-332
Menger, C. (1923) *Grundsatze der Volkswirtschaftslehre*, カール・メンガー『一般理論経済学 遺稿による「経済学原理」第2版』八木紀一郎・中村友太郎・中島芳郎訳, 美鈴書房, 1982（第一巻）年, 1984（第二巻）年
Polanyi, K. (1971) "Carl Menger's Two Meanings of Economic", カール・ポランニー「メンガーにおける「経済的」の二つの意味」玉野井芳郎訳, 玉野井芳郎『エコノミーとエコロジー』所収, みすず書房, 1978年
Say, Jean-Baptiste (1803) *Traite de Economie Politique*, translated into English from the

fourth edition, by C.R. Pronsep, *A Treatise on Political Economy or the Production, Distribution and Consumption of Wealth*, reprinted 1971 by A.M.Kelley Publishers

Smith, A. (1776) *An Inquiry into the Nature and Causes of the Wealth of Nations*, 6th. ed., 1950, edited by Cannan, E., 大内兵衛・松川七郎訳,『諸国民の富』岩波文庫, 1959年

Stigler, G. J. (1976) "The Xistence of X-efficiency", *The American Econimic Review*, Vol.66, No.1, 213-216

Walras, L. (1874) *Eléments d'économie politique pure ou Theorie de la richesse sociale*, 4th. ed., 1926, 久武雅夫訳『純粋経済学要論』岩波書店, 1983年

White, A. L., Stoughton, M., Feng, L. (1999) "Servicizing: The Quiet Transition to Extended Producer Responsibility", Tellus Institute

第5章

加藤久和 (1990)「持続可能な開発論の系譜」『地球環境と経済』(中央法規)

Arendt, H. (1958) *The Human Condition* 志水速雄訳『人間の条件』ちくま学芸文庫, 1994年

Daly, H. (1990) "Toward Some Operational Principles of Sustainable Development" *Ecological Economics*, 2, pp.1-6

Daly, H. (1992) "Allocation, distribution and scale: towards an economics that is efficient, just and sustainable" *Ecological Economics*, 6, pp.185-193

Lawn, P. A. (2001) *Toward Sustainable Development An Ecological Economics Approach*, CRC Press

Pearce, D., Markandya, A., Barbier, E. (1989) *Blueprint for a Green Economy*, Earthscan

The World Commission on the Environment and Development (1987) *Our Common Future*, Oxford,『地球の未来を守るために』(福武書店)

第6章

大塚久雄 (1955)『共同体の基礎理論』岩波現代文庫, 2000年 (初出1955年)

倉阪秀史 (2004)『環境政策論』信山社

倉阪秀史 (2005)「持続可能性と地域コミュニティのサービス」『公共研究』第2巻第1号, 千葉大学公共研究センター, 112-115頁

サステナビリティの科学的基礎に関する調査プロジェクト (2005)『サステナビリティの科学的基礎に関する調査報告書 Science on Sustainability 2006』(http://www.sos2006.jp/)

玉野井芳郎 (1979)「地域主義と自治体「憲法」」『地域主義からの出発』(学陽書房) 玉野井芳郎著作集3, 88ページ, 1990年 (初出1979年)

玉野井芳郎 (1979)「まちづくりの思想としての地域主義」前掲書所収, 124ページ, (初出1979)

玉野井芳郎 (1982)「地域主義の深まりのなかで」前掲書所収, 154-155ページ, (初出1982年)

広井良典 (2001)『定常型社会』岩波新書

仏教伝道教会（1966）『和英対照仏教聖典 The Teaching of Buddha』
Bateman, I., Turner, R. K.（1993）"Valuation of the Environment, Methods and Techniques" in R. K. Turner ed., *Sustainable Environmental Economics and Management*, Belhaven Press, 1993
Costanza et al.（1997）"The value of the world's ecosystem services and natural capital" *Nature*, vol.387, May 1997, pp.253-260
Daly, H., Farley, J.（2004）*Ecological Economics*, Island Press
Mont, O.K.（2002）"Clarlfying the concept of product-service system", *Journal of Cleaner Production*, Vol.10, Issue 1. Feb. 2002
OECD（2001）*Extended Producer Responsibility: Guidance Manual for Government*
Wada, Y.（1999）"The Myth of "Sustainable Development": The Ecological Footprint of Japanese Consumption." Ph. D. dissertation. Vancouver, BC: The University of British Columbia School of Community and Regional Planning.

第7章

植田和弘（1996）『環境経済学』岩波書店
植田和弘（2004）「環境税，技術革新を促進」日本経済新聞，2004年11月5日，経済教室，税制改革への視点
倉阪秀史（2000）「製品廃棄物の処理費用は誰が支払うべきか」『環境研究』, No.118, 58-62頁
倉阪秀史（2004）『環境政策論』信山社
経済産業省（2004）「社会保障制度改革について」平成16年11月1日
厚生労働省（2004）「社会保障の給付と負担の見通し」平成16年5月
国立社会保障・人口問題研究所（2004）「平成14年度社会保障給付費（概要）」平成16年9月
サステナビリティの科学的基礎に関する調査プロジェクト（2005）『サステナビリティの科学的基礎に関する調査報告書 Science on Sustainability 2006』（http://www.sos2006.jp/）
循環型社会法制研究会編（2000）『循環型社会形成推進基本法の解説』ぎょうせい
(財) 生命保険文化センター（2003）「企業の福利厚生制度に関する調査」
中央公害対策審議会費用負担部会（1976）「公害に関する費用負担の今後のあり方について（答申）」
Cottrell, J. ed.（2004）"Ecotaxes in Germany and the United Kingdom - A business view", Green Budget Germany Conference Report, June 25th, 2004, p.16
The Federal Ministry of the Environment, Germany（2004）"The ecological tax reform: introduction, continuation and development into an ecological fiscal reform" February 2004
OECD（2001）*Extended Producer Responsibility: A Guidance Manual for Governments*
大塚直（1997）「廃棄物減量・リサイクル政策の新展開（4・完）」『NBL』, No.631

索　引

あ

アーレント　37, 39, 40, 51, 133, 134, 135
IPCC（気候変動に関する政府間パネル）　192
穴を水で満たす問題　163
遺贈価値　156
インセンティブ課税　175-177
宇宙船地球号　61, 66, 127
宇宙飛行士経済　62, 127
永続性　135
永続地帯　171
エコロジカル経済学　10, 25, 36, 40, 131, 138
エコロジカル税制改革　173, 193, 195, 199
エコロジカル・フットプリント　143
ＥＳＣＯ事業　200
Ｘ効率　97
エントロピー　63, 66
応因論にもとづく課税　170
大塚久雄　150, 151
汚染権　9
汚染者負担原則　178, 180, 189

オゾン層の破壊　80

か

外部経済　69
外部性　8, 69, 72-74, 76, 78, 80, 83-86, 88-90, 93, 94
　　──の定式化　76
　　──プロセス　88, 92
　　間接物理的──　79
　　市場を通じない直接的依存関係としての──　72
　　ストック──　80
　　精神的──　81
　　直接物理的──　78, 87
　　当事者間の交渉を念頭に置いた──　73
カウボーイ経済　62, 127
拡大生産者責任　161, 169, 180-182, 187-190
仮想評価法（ＣＶＭ）　57
貨幣評価　58, 60, 61, 141
神　26, 28, 30-33, 39, 46
環境　7, 9, 11, 12, 25, 36, 40-55, 60, 61,

　　　　63-66, 101, 129, 138, 140, 142, 152, 153,
　　　　155, 158, 160, 173, 177
　　　――からの受益　　177
　　　――の減衰効果　　138
　　　――の収容能力（容量）　65, 67
　　　――の自律的機能　　154
　　　――の増幅効果　　139
　　　――の恵み　　177
　　　環境経済学における――　　46
　　　環境社会学における――　　44
　　　環境心理学における――　　45
　　　環境政策科学の対象としての――　48
　　　環境法における――　　42
環境影響　　7-9, 185, 191
環境概念　　42, 44-46
環境関連産業　　199
環境基準　　87
環境機能　　47
環境基本法　　43, 130, 175-179
環境系　　53, 54, 67, 79-84
環境経済学　　8, 9, 41, 46-48, 72, 74, 76
環境権　　9
環境構造改革　　201
環境効率　　99, 125, 162, 163, 169
環境コスト　　160, 161
環境サービス　　138, 141, 151-156, 168
環境資源　　165
環境システム　　138
環境社会科学　　55
環境社会学　　41, 44

環境情報　　160
環境譲与税　　199
環境心理学　　44-46, 52
環境税　　160, 176, 194, 198
環境政策　　43, 49, 92, 94, 180
環境政策科学　　42, 48, 54
環境税制改革　　193
環境制約　　35, 36, 195
環境設備　　199
環境対策　　126
環境配慮商品　　92
環境負荷　　7, 8, 35, 44, 53, 54, 125, 130,
　　　　158, 160, 162, 168-170, 175, 176, 178,
　　　　179, 183, 189
環境保全　　7, 129, 130, 161, 175, 178, 180,
　　　　190, 196
環境法　　41, 42
環境マネジメントシステム　　8
環境問題　　8, 9, 41, 43, 45, 47, 53-55, 57,
　　　　66, 69, 70, 72, 76-79, 82, 86-88, 94, 96,
　　　　130, 139, 157, 174, 175
間接物理的外部性　　79
危害回避の主張　　35
機械論　　30
気候ターゲット2℃　　192
技術革新　　193, 198
規制的手法　　174, 175
共益状態　　125, 158-161
京都議定書　　173, 191-193, 200
空間軸　　89

グッズ　　101-104
経済的手法　　169, 174, 200
限界革命　　21, 111, 115
光化学スモッグ　　79
交換価値　　17, 19, 21, 24, 65
公共財　　153, 155, 156
更新性資源　　9, 81, 131
公的空間　　134
効用最大化　　99
コース　　73, 78
公正な所得分配　　12
功利主義　　146
効率的な資源配分　　12
枯渇性資源　　9, 65, 67, 131
ごみの有料化　　190
コミュニティ　　149-151, 157, 166-169

さ

サービス　　15, 25, 111-116, 118, 119, 121-123, 125, 128, 137, 138, 141, 142, 152, 154-156, 159, 161-163, 165-167, 201
サービサイズ　　159
サービス・ネットワーク・コミュニティ　　166, 167, 169
サービスの缶詰　　115, 117, 120, 121, 124-127
財務諸表　　160
酸性雨　　79
ジェボンズ　　21, 22
時間固有性　　156

時間軸　　88
時間的・空間的なずれ　　77
資源経済学　　9
資源生産性　　125, 162, 163, 173
市場原理　　139
市場介入派　　74
市場の失敗　　74
自然　　10, 15, 17, 19, 28-30, 32-34, 39, 40, 44, 64, 135, 138, 147, 152, 153, 171
自然エネルギー　　159, 163, 193, 201
自然科学　　9, 19, 54, 61, 89
自然観　　29, 30, 39
自然資本　　11, 131
自然（環境）破壊　　47, 54
自然物　　31, 132, 133, 137, 138
持続可能性　　8, 61, 131, 132, 139, 142, 144, 147, 149, 150, 155, 156, 159, 163, 168, 169, 171, 173
持続可能な規模　　12, 138
持続可能な発展　　129-131
持続可能な福祉社会　　141
自治体　　162, 169, 201
市民参加　　170
社会軸　　90
宗教　　147
自由市場環境主義　　75
集中資源　　159-161, 167
重農主義　　13
自由放任派　　74
種の保存の本能（種族保存本能）　　61,

139, 148
循環基本計画　173
循環資源　159, 179
使用価値　19
所有権　32, 35, 75, 139, 159, 188, 201
省資源労働　118
将来世代　147
シンク　54, 141
人工資本　11, 131
人工物　38, 50, 51, 57, 133-135, 137, 173
新古典派経済学　13, 55, 61, 69, 97, 103, 115
森林環境税　55-57, 176
ストック外部性　80
ストック・フロー資源　152
スピノザ　26
スミス　14, 15, 16, 17, 20, 23, 24, 110, 114
生態系　10, 133
制度　37, 52, 55, 133, 137
生産的労働　14, 20, 110
精神的外部性　81
製品廃棄物　178
生物濃縮　79
生命系　50, 64, 66
セー　15, 16, 17, 18, 19, 20, 21, 22, 23, 114, 115
世代間の衡平　8, 61
世代内の公平　144, 171
設計　50, 51, 109, 118, 132, 137
設計者責任　190

先進国　130, 144, 171, 191
全体論　31
『創世記』　33, 146, 147
ソース　54, 141
租税　175
存在価値　156

た

耐用年数　135, 136, 188
他者の存在　37
脱炭素化　158
脱物質化　158
脱有害物質化　158
玉野井芳郎　64, 157
地域固有財　154
地域主義　157
地球温暖化　9, 90, 93, 96, 139, 158, 169, 173, 195
地球サミット　7, 129
地方分権　169
長期間の思考　38
直接物理的外部性　78
強い持続可能性基準　131
定常経済論　64
デカルト　25, 26, 28, 29, 30, 31, 36, 38, 39
天寿　135-137, 139, 140
都市・生活型公害　87
取引費用　74, 139

索　引　219

な

内部経済　　70

ナショナルミニマム　　178

二元論　　25, 29

人間　　10, 15, 17, 18, 20, 23, 28-34, 36-40, 44, 45, 49-51, 53-55, 57, 62, 64, 130, 132-134, 137-139, 142, 143, 147, 151, 152, 154, 155, 177

人間観　　34

人間行動　　54

人間中心主義　　32

人間的行為　　22

人間の経済　　11, 40, 51, 60, 64, 138, 141-143, 155, 159, 169, 173

は

バークリー　　27, 28

廃棄物　　7, 104, 178

廃棄物処理費用　　160, 181, 187

排出権取引　　160, 193

バッズ　　101-103

発展途上国　　130, 171

非営利セクター　　171

非競合性　　153

ピグー　　70, 71, 72, 74, 76, 78

非排除性　　153

ファンド - サービス資源　　152

富栄養化　　80

不確実性　　11, 56, 154-156

不可逆性　　156

不可逆的な環境問題　　139

付加価値労働　　118

不生産的労働　　14, 19, 110

フッサール　　37

物質的側面　　25

物量情報　　128, 160, 169

物量諸表　　160

分散資源　　159, 161-163, 165, 167

補完性原理　　162, 169

ホメオスタシス機構　　50, 53, 67

ま

マーシャル　　22, 23, 24, 69, 70, 71, 76, 89

マテリアル・バランス論　　63

マルクス　　111, 113

マルサス　　16, 17, 18, 19, 20, 111

ミル　　19, 20, 23, 24, 111

メルロ=ポンティ　　37, 39, 40

メンガー　　22, 126, 127

「もったいない」　　136, 145

や・ら・わ

弱い持続可能性基準　　131

ライベンシュタイン　　97, 99, 100

リカード　　16, 18, 19, 20, 21, 111

利潤最大化　　99, 102, 119

利他的　　150, 156

臨界環境負荷　　53

労働価値説　　19, 34

ロック　　25, 31, 32, 33, 34, 35, 36

ワルラス　　22, 111

倉阪秀史（くらさか　ひでふみ）
1964年，三重県伊賀市生まれ，1987年，東京大学経済学部卒業。同年，環境庁入庁。地球温暖化対策，リサイクル，企業の環境対策，環境基本法，環境影響評価法の制定等の施策に携わる。メリーランド大学客員研究員等を経て，現在，千葉大学法経学部総合政策学科助教授（環境経済論，環境政策論）。著書に，『環境を守るほど経済は発展する』（朝日選書，2002年），『エコロジカルな経済学』（ちくま新書，2003年），『環境政策論』（信山社，2004年）。

環境と経済を再考する

2006年3月31日　初版第1刷発行　　定価はカヴァーに表示してあります

著　者　倉阪秀史
発行者　中西健夫
発行所　株式会社ナカニシヤ出版
　　　　〒606-8161 京都市左京区一乗寺木ノ本町15番地
　　　　　　　　　　Telephone　075-723-0111
　　　　　　　　　　 Facsimile　075-723-0095
　　　　　　　　Website　http://www.nakanishiya.co.jp/
　　　　　　　　Email　iihon-ippai@nakanishiya.co.jp
　　　　　　　　　　郵便振替　01030-0-13128

装丁＝白沢　正／印刷・製本＝ファインワークス
Copyright © 2006 by H. Kurasaka
Printed in Japan.
ISBN4-7795-0070-2